U0673888

魏红军 ◎ 主编

中国林業出版社

图书在版编目(CIP)数据

山东千年古银杏 / 魏红军主编. -- 北京 : 中国林业出版社, 2023.5
ISBN 978-7-5219-2179-3

Ⅰ. ①山… Ⅱ. ①魏… Ⅲ. ①银杏－文化－山东Ⅳ. ①S792.95

中国国家版本馆CIP数据核字(2023)第065130号

策划、责任编辑：李　敏
书籍设计：睿思视界视觉设计

出版发行：中国林业出版社
（100009，北京市西城区刘海胡同7号，电话010-83143575）
电子邮箱：cfphzbs@163.com
网址：www.forestry.gov.cn/lycb.html
印刷：河北京平诚乾印刷有限公司
版次：2023年5月第1版
印次：2023年5月第1次
开本：710mm×1000mm　1 / 16
印张：19
字数：327千字
定价：198.00元

《山东千年古银杏》

编委会

山东
千年古银杏

序言

古树名木，历经风雨，见证沧桑，是大自然的奇珍、森林中的瑰宝。随着社会的文明进步，人们对古树名木的认识更加深刻，越来越多地从“文化遗产”“自然遗产”的视角，将古树名木视为独特的文化资源，发掘其重要的科学、生态、历史、文化和经济价值。比如，被郭沫若先生誉为“东方的圣者”“中国人文的有生命的纪念塔”的古银杏树就是优秀代表，它们扎根华夏大地，根深叶茂、昂扬挺拔，其遒劲的枝干、挺立的身姿，传承着历久弥新的中华文化，展现着自强不息的民族精神。

银杏又名“白果”，在地球上出现在几亿年前，是第四纪冰川运动后遗留下来的裸子植物中最古老的一种孑遗植物，具有“活化石”“植物界的大熊猫”之称，属于我国重点保护野生植物。它浑身是宝，因其独特的观赏、绿化、食用、药用、材用、文化及科研价值得到世界各国的高度重视，其食用、药用价值在我国《本草纲目》《农政全书》等历史典籍均有记载。近年来，其长寿之谜吸引了一大批研究者，也被众多养生者追捧。

作为中华文明的发祥地之一，齐鲁大地悠久厚重的历史文化孕育了丰富的古树名木资源。据有关数据，山东省现有古树名木24万余株，其中千年以上的古银杏树就有百余株，“天下银杏第一树”的浮来山银杏为其翘楚。它们遍布城市乡村，或点缀山水之间，或伫立闹市一隅，或与古刹相映成趣，人树相伴、生生不息，承载了齐鲁大地熠熠生辉的历史记忆，构成了一幅幅交相辉映的美丽自然画卷和人文景观。

魏红军同志原在山东省经济林管理站、山东省林业外资与工程项目管理站工作期间，结合自身所从事的实际工作，热心致力于古银杏树鉴定、资料收集、图像整理等，收集、整理了大量资料，做了大量基础性工作。山东省林业保护与发展服务中心成立后，承担着为全省造林绿化工作提供技术支撑和服务保障等职责。银杏作为优良的绿化和观赏树种，加强对其研究和宣传，具有独特而重要的意义。魏红军同志作为中心的一名工作人员，继续致力于相关工作，在有关同志的支持配合下，在过去工作的基础上又做了大量认真细致的编辑整理工作，精心主编了《山东千年古银杏》一书。该书共收录山东省千年古银杏树 116 株，对古银杏树所处位置、树龄、生长现状、文化传承等诸方面做了详细描述，内容翔实、资料丰富、图文并茂，是一部系统研究、宣传、保护山东古银杏树的普及之作，对加强古树名木宣传、完善保护管理、强化保护分级都具有重要意义。

下一步，山东省林业保护与发展服务中心及全体工作人员将继续发挥自身优势，主动担当作为，进一步加强对包括银杏在内的各类优良树种的研究、宣传和推广，保护古树名木，服务科学绿化，为全省森林、湿地、草原（地）资源和各类自然保护地保护和合理开发利用提供更加强有力的技术支撑和服务保障，为全省乃至全国自然资源和林业保护发展事业高质量发展作出更大贡献。

2023 年 5 月

目录

序　言

山东知名银杏

浮来山“天下银杏第一树”___ 002

古梅园“老神树”___ 010

济南

五峰山古银杏 ___ 016

灵岩寺古银杏 ___ 020

白云观古银杏 ___ 024

淌豆寺古银杏 ___ 026

普门禅寺遗址古银杏 ___ 030

大舟院古银杏 ___ 032

青岛

崂山风景区古银杏群 ___ 036

白云洞古银杏 ___ 040

明道观古银杏 ___ 042

李村古银杏 ___ 044

法海寺古银杏 ___ 046

寺前村“八子绕母”古银杏 ___ 048

博物馆古银杏 ___ 050

淄博

兴隆观古银杏 ___ 054

中庄村古银杏 ___ 058

盖冶村古银杏 ___ 062

荆山寺古银杏 ___ 066

栖真观古银杏 ___ 070

唐山寺古银杏 ___ 074

枣庄

青檀寺古银杏 ___ 078

坊上村古银杏 ___ 082

东任庄村古银杏 ___ 084

张塘村古银杏 ___ 086

郭庄村古银杏 ___ 090

付刘耀村古银杏 ___ 092

甘泉寺古银杏 ___ 096

抱犊崮古银杏 ___ 098

烟台

峆岼寺古银杏 ___ 102

潍坊

公冶长书院“夫妻银杏树” ___ 106

南蒋村古银杏 ___ 110

抬头村古银杏 ___ 112

小河崖村古银杏 ___ 116

寿塔村古银杏 ___ 118

青云村古银杏 ___ 122

济宁

安山寺古银杏 ___ 128
泉林古银杏 ___ 132
白果树村古银杏 ___ 136
清神观古银杏 ___ 140

泰安

玉泉寺古银杏 ___ 144
老君堂古银杏 ___ 148
徂徕山中军帐古银杏 ___ 150
徂徕山隐仙观古银杏 ___ 154
大寺村古银杏 ___ 158
白马寺古银杏 ___ 162
前上庄村保聚庵古银杏 ___ 166
张庄村古银杏 ___ 170

威海

万户村古银杏 ___ 174
圣水观古银杏 ___ 178

日照

大花崖古银杏 ___ 182
下寺村古银杏 ___ 186
浮来山三教堂古银杏 ___ 190
大沈庄古银杏 ___ 194
北汶村古银杏 ___ 198
薛家石岭村古银杏 ___ 202
北黄埠村“夫妻银杏树” ___ 206
仕阳小学古银杏 ___ 208
净土寺古银杏 ___ 210
庞庄村古银杏 ___ 214

临沂

孔庙古银杏 ___ 218
诸葛城村鸿福寺古银杏 ___ 222
娘娘庙古银杏 ___ 226
甘露寺古银杏 ___ 230
后道口村古银杏 ___ 234
东庄村古银杏 ___ 236
文峰山古银杏 ___ 240
清泉寺林场古银杏 ___ 244
南刘宅子村古银杏 ___ 248
南竺院村古银杏 ___ 252
麻店子古银杏 ___ 256
冠山古银杏 ___ 260
战工会旧址古银杏 ___ 264
观音寺遗址古银杏 ___ 266
灵泉寺古银杏 ___ 268
圣水坊古银杏 ___ 272
丛柏庵古银杏 ___ 274
苑上村古银杏 ___ 278
城阳村古银杏 ___ 282

德州

银杏树村古银杏 ___ 286

后　记 ___ 289

01 >>>

山东知名银杏

① 浮来山“天下银杏第一树”
② 古梅园“老神树”

浮来山“天下银杏第一树”

浮来山古银杏树树冠

浮来山又名浮丘，位于莒县县城西 8 公里处，由飞来峰、浮来峰、佛来峰三峰拱围相连而成，形似卧龙，独具清雅灵秀之韵，是国家 AAA 级旅游景区、省级风景名胜区、国际绿色人文景区，有“天然森林氧吧”之称。浮来山定林寺中有一棵被誉为“天下银杏第一树”的古银杏树驰名中外。

这棵古银杏树之所以被称为“天下银杏第一树”，不仅是因为该树在全国古银杏树中树龄最长、树姿最美，还因为该树是目前现存文化底蕴最深厚的树。

浮来山正门

古银杏树全貌

古银杏树根部

古银杏树远景

在《中国古树名录》中，该树被列为第一棵古树，以“世界之最”进入《世界吉尼斯大全》；在全国绿化委员会办公室和中国林学会开展的“中国最美古树”遴选活动中该树被评选为“中国最美银杏”。

该树树龄3700余年，树高26.7米，主干高2.5米，冠幅26米×34米，胸围15.83米（胸径5米），遮阴面积900多平方米，远看形如山丘，冠似华盖，龙盘虎踞，气势磅礴。

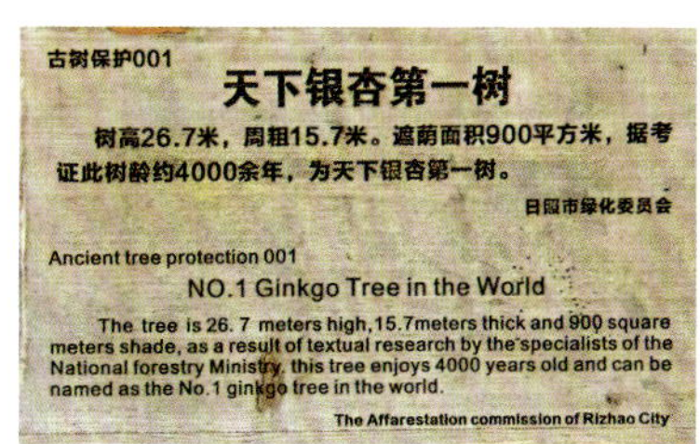

古银杏树树牌

据古树前立于清顺治年间（1654年）的碑文记载，春秋时期，莒、鲁两国不和，纪国国君从中调解，莒、鲁两国国君于鲁隐公八年（公元前 715 年），会盟于这株大银杏树下——而那时这株银杏已是参天大树。据考证，这株古银杏树历经 20 个朝代，在大禹治水之前已有之，是一部“活历史”，被人们称作“活化石”。树下古碑林立，诗词萃集，留下了先人许多题咏纪略。其中“大树龙盘会鲁侯，烟云如盖笼浮丘”（《左传》记载：“鲁隐公八年，九月辛卯，公及莒人盟于浮来。”）是指春秋时期，莒国的国君莒子与鲁国的国君鲁侯在银杏树下会盟修好一事。《重修莒志》中则写道：“鲁隐公八年，鲁隐公与莒子曾在此树下会盟修好。”那时，此树虽无确切年龄记载，却已长成大树。此树之年龄，据清顺治十一年（1654 年）莒县太守陈全国所记：“浮来山银杏树一株。相传鲁公莒子会盟处。盖至今三千余年。枝叶扶苏，繁荫数亩；自干至枝，并无枯朽，可为奇观。”并赋诗：“蓦看银杏树参天，阅尽沧桑不计年。汉柏秦松皆后辈，根蟠古佛未生前。”人称银杏之祖当之无愧。石碑题诗曰：“大树龙蟠会鲁侯，烟云如盖笼浮丘。形分瓣瓣莲花座，质比层层螺髻头。史载皇王已廿代，人经仙释几多流。看来今古皆成幻，独子长生伴客游。”就是说此树在三百年前就已三千余岁了。因而古人留下“十亩荫森更生寒，秦松汉柏莫论年”的佳句。清康熙年间鸿儒、诸城名士李澄中曾作《定林寺银杏》：“嘉树何年植？空王此旧台。秋声连莒子，山色漫浮来。枝偃蛟龙蛰，风鸣雷雨开。鲁公盟会处，事往有余哀。”诗作追溯古银杏栽植的历史和它见证的重大历史事件，描摹银杏树的奇伟壮观，古朴苍劲，寄寓“人事有代谢，往来成古今”的感慨。现代作家王希坚也曾作《浮丘留字》二首，咏赞浮来山定林寺古银杏：“矗立浮来银杏王，人寰百代历沧桑。鲁侯莒子今安在？树更葱茏花更香。”“山林幽静脱俗尘，义理穷究识见真。面壁校经甘寂寞，文章千载有知音。”凭树吊古，阐发佛意，寻觅知音，颇能发人深思。

定林寺南面怪石峪的古藤翠柏间，建有一座六角飞檐红亭，郭沫若题名“文心亭”。此处有一巨石，上书“象山树”三个篆字，落款为“隐仕慧地题”。慧地即我国古代著名文艺理论家刘勰出家后的法号。相传刘勰为定林寺住持时，见寺内银杏树巍巍壮观，宛如山丘，遂题书刻石，形容其如山之雍容宏伟。全国人大常委会原副委员长王丙乾在此题写了“天下银杏第一树”，并被制成碑刻。此处尚有胡绳先生“文心千秋，古木长存”，吴阶平先生“银杏树巨树，天下闻名”等名人的题词，均勒石成碑。《十万个为什么》一书讲到了它。印度尼西亚的刊物对它进行了描述，并刊登了照片。1982 年，联合国教科文组织还向全世界播放了它的近影。巍巍银杏树，可谓身历古今，誉满中外。1982 年，著名画家王

● 定林寺

小古游浮来山定林寺，即兴题写楹联：十围大树三千岁，一部文心万世传。2003 年，迟浩田来日照时，专门到浮来山定林寺观看这棵银杏树，并题词：千年银杏王，文心雕龙史。

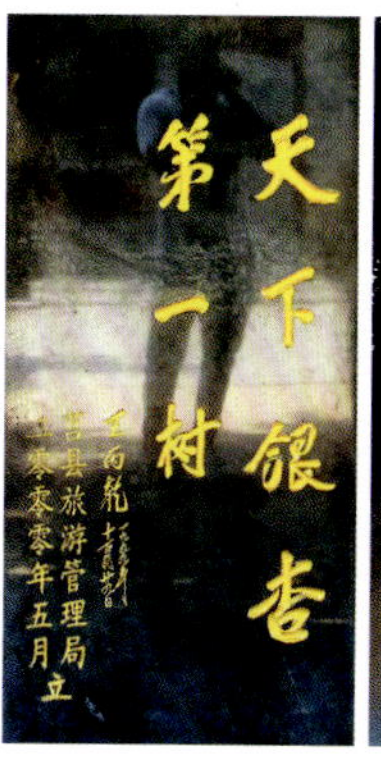

● 碑刻三尊

在三千多年的历史长河中，这株古银杏历尽劫难。约在 110 年前，由于香客进香不慎，香火引发火灾，烧焦了树皮，蔓延主干，后来虽愈合，但其痕迹至今清晰可辨。1995 年秋，又遭受一场龙卷风的袭击，折断一根直径 0.8 米、长 25 米的大主枝。当地政府非常重视对该树的保护，园林管理部门重修了围栏，以 10 余根高大的水泥立柱支撑主枝，并填塞枝干孔洞，从而使这株“银杏王”更加生机勃勃，枝繁叶茂，正常结实。有时在那几根粗的树干皮缝间，不定期结出一个个金灿灿的果实，加上那一个个像钟乳石般挂在树

“七搂八拃一媳妇”

干上的“树奶”，实乃一大奇观，让人赞不绝口。刘勰曾在寺内写作称这棵体形硕大似巨象的古银杏名为“象山树”。

关于这棵树的围粗，自古就有“大八搂，小八搂”之说。“大八搂”是指个子高的人去搂，正好是八搂；“小八搂”是指个子小的人去搂，恰好也是八搂。这是此树树干上粗下细的缘故。浮来山银杏树“七搂八拃一媳妇”的故事远近闻名。相传明朝嘉靖年间，一位进京赶考的书生到这株巨大的银杏树下避雨。他见大树浓荫如盖，颇有气势，便对树干的粗细产生了好奇之心，但身上没带尺子，于是就用搂抱的方式来测量树的粗细。书生搂了七搂竟然还没有转到起点，正在他准备搂第八下的时候，突然发现量树的起点竟站着一位少妇。原来少妇回娘家走到此处，也来大树下避雨。由于树太大了，所以两人都没有发现对方。书生有心请少妇让一让，却不好意思开口，但又不想放弃测量。剩下的一段他只好用手去拃。数到第八拃时，正好量到少妇的身边。少妇依然头不抬，眼不睁。往下怎么量呢？书生想不出别的办法，只好叹了口气说：就算它是七搂八拃一媳妇吧！几百年过去了，银杏树的树围早已超过了七搂八拃一媳妇，但是这一趣闻，却世代流传，令人们津津乐道。

关于垂乳传说：有关该银杏树树瘤的传说是非常多的，而且大都带有某些神话色彩。最具权威且有较高可信度的版本，应当首推现代老文艺家于冠西在《浮来山远足回忆》一文中所记载的一位叫佛成的老和尚所讲述的一个传奇故事。那是他在六十多年前，于冠西在学生时代游览浮来山时，亲耳从当时的定林寺住持佛成老和尚口里听到的："多少年来，人们都想得到这些瘿。因为这古老的白果树上的瘿，如果把它锯下来，解成板，打磨光洁，就会显出千姿百态的花纹来——行云流水，飞禽走兽，奇峰怪石，花草树木，什么都有。把它镶嵌在红木框架里，就成了官宦豪门厅堂里最珍贵的摆设。可是神物不可亵渎、不容侵害，否则就要受到天诛。很久很久以前，有人雇了木匠，夜里来偷这树上的一个瘿。锯了一夜，瘿只剩一点皮连着树干，可是怎么也锯不下来。天亮了，木匠只好住手，躲了起来。第二天夜里，他又带着木匠来锯，没想到，头天夜里锯开的地方都已经长好了，像是没锯过的一样，只好重新再锯。锯到天亮，还是只差一点树皮连着，锯不下来，又只好住手，躲了起来。到了第三天夜里又来锯，断口仍旧长得完好如初。这时木匠不禁又惊又疑，想就此罢手，但贪

古银杏树枝叶

心的主人哪肯罢休，木匠只得硬着头皮再锯。谁知刚刚锯了几下，树瘿竟流出血来。木匠见事不好，拔腿就跑。这雇主却一命呜呼，死在树下。从那以后，就再也没人敢来危害这树了。”关于该树的保护还有一个故事：据说当年有位西方传教士，曾要把莒县浮来山定林寺内的这棵古银杏树买下，锯倒后分解运往美国，然后再复原制成植物标本，开办一个“古生物活化石展览馆”。此事遭到当时寺内住持僧人的坚决反对。但当时中国沦为半殖民地，单靠几位僧人是难以抗拒帝国主义列强的肆意掠夺的。幸亏有一位爱国的中国翻译，协助僧人向这位美国人做出了“此树已成为朽木，不可搬运”的曲义解释，才让那位传教士放弃了砍伐古树的念头，使这棵号称“中华瑰宝的银杏王”幸免于难。

虽历经改朝换代和战火的磨难，这株古树仍坚强地伫立在此，且枝繁叶茂，生机盎然。据景区管理人员介绍，这株古树差一点毁于“文化大革命”时期。当年在定林寺“三教堂”院内，原本有两棵大银杏树，一雄株、一雌株，雄株被伐倒，待伐雌株时，鲜红的“血液”四溢，把伐树的红卫兵吓得魂飞魄散，再加上莒县的父老乡亲以死相逼，不让砍伐，于是这棵珍贵的古树才得以保全下来。

岁月悠悠，天下第一银杏树以其巨大的生命力现仍巍巍屹立在浮来山之上，见证着历史的变迁，向人们诉说着一个又一个动人的故事。

• 古梅园"老神树"

新村古梅园位于郯城县新村乡，园内有一株古银杏树，距今已有三千多年历史，原为一雌一雄，现仅存雄树，因历史久远，传说甚广，被当地老百姓尊称为"老神树""银杏王"。这里有山东省人大常委会原副主任苗枫林的题字"老神树"。

"老神树"通过嫁接雌枝而成为雌雄同株，树高 41 米，胸径 2.6 米，冠幅 20.1 米 ×21.4 米，枝下高 5 米。生长旺盛，树冠庞大，形状不规则，顶部较平。根盘较大，树冠根系面积达 5 ~ 6 亩。主干挺直、粗壮，有 2 个主枝，均较粗壮，一主枝向东延伸，另一主枝向上直立生长，并且分为两侧枝，枝叶茂盛，耸天矗立，巨影婆娑。该树于 1979 年被列为县级重点保护文物。2004 年 7 月被全国绿化委员会命名为"中华名木"，是全国第一银杏雄树。

• 古梅园正门

据当地人介绍，"老神树"的神奇主要体现在四个方面。首先，雌雄同株。银杏树分

● 古梅园“老神树”全貌

为雌株、雄株，雌树结果，雄树传粉，而这棵“老神树”作为雄树却硕果累累。相传300年以前为附近广福寺里的主持嫁接。其二，老神树“发芽早于春，落叶迟于冬”。每年一出正月，古树要比同种树提前2周以上发芽，冬至后，它也比同类树要迟2周以上才落叶。更为神奇的是，在无风的情况下，大部分落叶集中在一个时辰内一次性落完，老神树抖落满树金叶的时候，落叶就像千万只蝴蝶在空中飞舞，几个小时之内，金叶铺满树下、分外迷人。其三，每年谷雨前后，它可以为方圆二三十公里

● 古梅园“老神树”树下集体活动

●“神树神枝”

范围内的银杏雌树授粉。郯城县年产银杏果 300 多万公斤，老神树功不可没。可以说，它的子孙遍布大江南北乃至全世界。其四，不仅有“神树”，还有“神树神枝”。2001 年 7 月，一场暴风雨把老神树一根树枝刮断，当时工作人员把它抬到距“老神树”以西 50 米的同地院内，一个月后发现这根断枝依然枝繁叶茂。第二年春天，这根千年古银杏枝重新生根发芽，如今已经长得非常繁茂，此后每年春天和老神树同时发芽，冬天同时落叶，生机勃勃，展示了它神奇的生命力，被称为“神树神枝”。

树下碑文记载：据《北窗琐记》，此树植于周朝，为郯国国君所植。据记载，武王姬发封郯国，郯子亲手栽玉果。玉果夫妻功千秋，子孙万代佑民歌。唐贞观年间，系全国银杏雄树之冠，树上有垂乳，其中有个 1 米多长的垂乳被人锯掉做盆景。

在山东郯城流传着白果姑娘治病救人的故事。从郯城西行不远有个白果树村，村里有大片的银杏林，其中两棵古老高大的银杏树格外惹人注目，这就是传说中白果姑娘生活的地方。

相传明朝时，郯城县北涝沟村出了个监察御史张景华，他为官清正，刚正不阿，深受老百姓的赞誉。有年秋天，其母身染沉疴，咳喘不止，遍求京城名医，却医治无效。张景华只得送母返乡，悉心调养。张家有个使女，叫作白果姑娘，生得聪明伶俐，为人勤劳善良，深得老太太喜欢。返乡之后，老太太茶不思，饭不想，急得全家人愁眉苦脸，心神不安。说来也巧，白果姑娘的母亲来看女儿，顺便捎来自家产的一些白果，好心的白果姑娘一连数天煮给老太太品尝。老太太吃后，顿觉浑身爽快，消除了气喘咳嗽，脸色渐渐红润，身体慢慢恢复如初。老太太病愈，全家人自然欢喜，忙将喜讯报给京中的张御史，张御史喜不自禁，随即修家书一封，并附小诗一首：“小小白果一片心，巧用白果医母亲。村姑去我心中忧，堂前不可轻待人。”老太太阅罢儿子的回书，待白果姑娘如亲生女儿，倍加疼爱。光阴荏苒，一晃几年过去，张御史不满祸国奸逆的行径，辞官回归故里，他十分感激白果姑娘，为她在武河岸边置了些田地，并帮其择婿成婚。自此，白果姑娘栽种白果，养儿育女。天长日久，人们便称这里为白果树村，于是，白果树村成为远近闻名的银杏之乡。

关于这个“老神树”，其实在当地民间还有一个传说故事。据说郯城在很久之前是没有银杏树的，而当年八仙之一的吕洞宾洞府里就有一棵很大的银杏树，每年会结八粒果实，正好八仙一人一粒。但是有一年，王母娘娘去吕洞宾洞府做客时，正好遇见银杏果成熟，金光灿灿的，十分耀眼，于是忍不住就拿了两个，藏在袖子里。等到王母娘娘走后，八仙才发现少了两个。于是就让张果老骑着他的驴赶紧去追，王母娘娘眼看就要被追上，没有办法，就把这两个果实随手扔到了人间，恰巧就掉在郯城，这两个果实落地即长，就风变大，不到几天时间，就长成了参天大树，被当地人称为“老神树”。

古梅园鸟瞰图

● 古梅园“老神树”树形

古梅园所在的新村乡西临沂河，东望马陵山，背靠红石崖。园内景观众多，各具特色，是山东省首家农民公园，于1992年9月建成开放，占地面积 约150亩。园内有“老神树”、莲花池、官竹寺、打鼓台、梅花仙子等景点。

园内的广福寺，始建于北魏正光辛丑年，即521年，是郯城县内最为古老的一座寺庙。清康熙十一年、乾隆二十八年的两部《郯城县志》均有记载：“广福寺又名官竹寺，在县西南四十里新村。”该寺历史上多次重修，现存寺庙碑三块，记载了该寺的历史情况。

02 >>>

济　南

1. 五峰山古银杏
2. 灵岩寺古银杏
3. 白云观古银杏
4. 淌豆寺古银杏
5. 普门禅寺遗址古银杏
6. 大舟院古银杏

五峰山古银杏

五峰山古银杏树主干全貌

五峰山千年古银杏树位于济南市长清区五峰山景区洞真观内。该树树高 33.2 米，胸径 2.03 米，冠幅 19 米 ×21 米，枝下高 3 米，生长旺盛，树冠塔形，遮阴面积达半亩多。树形优美，主干挺直、粗壮，有分枝 8 个，成层分布，最底层分枝较粗壮。基部有萌蘖 100 余株，与母干的距离为 0 ～ 1.2 米。在清泠泉泉水的滋润下，古银杏树枝繁叶茂，结果量大，年产银杏果 500 公斤。据此处碑文记载，该树为雌雄同株，距今 2600 余年，被誉为“银杏之王”。

古银杏树周围泉池

古树管理者用钢筋制作了防护栏对古树进行保护。防护栏直径约6米，围栏上被密密麻麻的红绸带所缠绕覆盖，寄托了无数善男信女们求财求运、求子求寿的美好愿望。树穴外围为砖地，现有大量根系裸露在砖地以外，所见长度远远超出树冠外围。银杏树东南侧有一咕咕流淌的清澈泉眼，泉水四季不断，甘甜凉爽。站在树下，俯瞰远处，景区正门的十三株古柏（当地称“十三太保”）昂然屹立院中，与高处的银杏王遥相呼应，蔚为壮观。这株古银杏树目前由五峰山林场管护、长清区园林和林业绿化局管理，为一级保护古树名木。

古银杏树远景

清泠泉

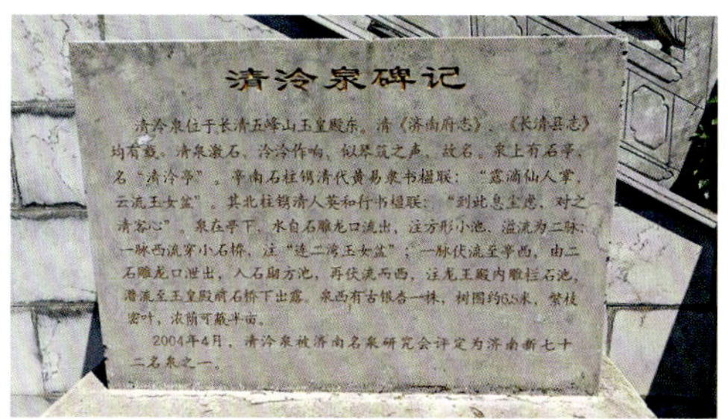

清泠泉碑记

古银杏树枝叶与屋顶灰瓦交相辉映

古银杏树主干

古银杏树全貌

古银杏树周围泉池小景

在古树南侧亭廊内，陈列着一根折断了的千年银杏王侧枝，因形似虬龙，故曰“虬龙枝”。据说，大约在20世纪70年代中期的一天夜里，该树南侧一个非常粗壮的主枝被大风刮折，这个折断的主枝本应落在其下的玉皇殿屋顶，但在折断瞬间却偏移至东南方向，掉入玉皇殿东侧狭窄巷道内，玉皇殿、龙王殿却毫发无损，令人称奇。目前，留存的半截主枝仍长出了数十条新枝。这个断下来既粗又长的主枝，其中一部分被当时林场的工人制作成了七八个衣箱，现存部分仍有10多米长，宛如一条巨龙匍匐在树南侧的一个亭子下，龙嘴、龙眼、龙肢俱全，活灵活

● 古银杏树南侧亭子下断枝

现，成为一大景观。

五峰山位于济南市长清区五峰山镇，为道教圣地，与泰山、灵岩山并称“鲁中三山”。相传玉皇大帝的 5 个女儿路经此处，见其风景秀丽，不愿离去，于是分别化作迎仙峰、望仙峰、会仙峰、志仙峰和群仙峰，五峰山由此而得名。

道观分南北两观，北观即洞真观，建于金元时期，是全山的主要建筑；南观名玄都观，是明德王府的香火院。两观占地 2668 亩，规模宏大、气势宏伟，古时有“登泰山而小天下，上五峰始知清幽”之说，故而被道家视为风水宝地。

翠绿的古银杏树与红墙灰瓦的道观彼此互相映衬，显得格外清幽宁静，成为繁华都市中的安静一隅。夏日时分，许多居民都愿意到银杏树下乘凉，炎夏的古银杏树宛如一枝矗立的巨荷，为人们传送丝丝凉意。

● 五峰山入口

● 五峰山门口牌坊

灵岩寺古银杏

● 灵岩寺大雄宝殿前古银杏树主干全貌

灵岩寺位于济南市西南、泰山北麓，长清区万德镇境内，北依济南，南靠泰山，是国家级风景名胜区和佛教圣地，以其悠久的宗教历史和深厚的文化内涵驰名中外，素有“游泰山不至灵岩不成游也”之说。灵岩寺内有数株千年古银杏树，成就了灵岩寺的别样风景。

进入灵岩寺正门，位于大雄宝殿前的三棵古银杏首先映入眼帘。台阶前左右各一棵，第三棵位于西侧台阶略靠后处，据记载其树龄均在 1200 年以上。三棵

● 灵岩寺景区入口检票处

大雄宝殿前古银杏树

墓塔林前古银杏树

大雄宝殿前古银杏树远景

大雄宝殿前古银杏树全景

古树高大挺拔，郁郁葱葱，遮天蔽日，每到秋末便形成一片金黄色的银杏林。远处高耸的辟支塔、苍翠的方山，与近处的香炉、佛殿、金黄的银杏彼此相互映衬，犹如置身画中，美得不可方物。每年的 10 月底到 11 月初，都会吸引众多的摄影发烧友前来打卡。

绕过大雄宝殿往后走，墓塔林前也有一株千年古银杏树，树基四周被山石垒砌，高出地面近 1 米。该树主干已干枯，但四周的枝叶却很繁茂，并且在树基周围生出几棵小树，护卫着这棵古树，看起来像古树的几个可爱的小孩子。墓塔林前方往左通往上山的路旁还生长着两棵古银杏树，这两棵古树参天挺拔，比肩而立，枝繁叶茂，根紧握，叶相依，周围均有围栏围护。除以上六棵外，山根下，通往山顶的上山路边还有一棵较为出名，其周围混杂着五角枫等杂树，长势良好。据管理人员介绍，灵岩寺共有十多棵千年古银杏树，较出名的就是以上七棵，其余几棵散落景区周边，均由灵岩寺管委会管护。

上山路口处古银杏树

史料记载，灵岩寺始建于东晋，兴于北魏，盛于唐宋，距今已有1600多年的历史。自唐代起就与浙江国清寺、南京栖霞寺、湖北玉泉寺并称为“海内四大名刹”，并名列其首。灵岩寺周围群山环抱，峰峦奇秀，风光旖旎，以风景幽深、泉石秀丽著称于世。寺内古木苍翠，怪石林立，殿宇峥嵘，“摩顶松”“千岁檀”“朗公石”“镜泄春晓”“方山积翠”“明孔晴雪”等胜景别具情趣。灵洞曲涧、青峰翠峦环绕着古刹精舍，构成一幅绚丽多彩的画卷，著名胜景有千佛殿、墓塔林、辟支塔、大雄宝殿等几十处。

有水的地方就有灵性，灵岩寺的“灵”也离不开泉水的滋养。寺周围的甘露泉、飞泉泉水甘甜清冽，丰润了一方水土。相传，古代有一年大旱，一妇女找水解渴，远远看见此处树木枝繁叶茂，便找到了水源，解了燃眉之急，此水源也解救了一方百姓。现部分泉水已干涸。

千年古树伴着古朴、典雅的殿宇，恬淡地俯瞰着人间烟火。人们来到这里，喧嚣的心便会不自觉地静下来，让身心得到自由释放。

白云观古银杏

● 白云观古银杏树

白云观位于济南市市中区十六里河镇矿村。该村自然环境优越，四周群山环绕，山清水秀，土地肥沃，各种果树布满山坡，成熟时节放眼望去，果实累累、挂满枝头，煞是喜人。千年古银杏就生长在村内白云观内。

古树雌雄同株，树龄 1130 余年，树高 30 米，胸径 1.67 米，冠幅 22 米 ×21 米，枝干粗壮，其树杈的形状如同人手五指，树杈之间空隙很大，甚至能放得下

● 白云观内建筑

● 古银杏树树干

● 古银杏树近景

一张八仙桌。“腰”里还曲折地缠绕着一棵碗口粗的复干，像一对夫妻紧紧拥抱在一起。古树上布满了大大小小百余个鸟巢。树杈处生有一株构树，高 5 米，直径 0.8 米，紧贴树干。古树果实属大果型，较稀疏，树冠庞大，枝叶最茂盛时遮阴近 3 亩，目前生长状况良好。

• 古银杏树远景

“刮大风，落白果，落给谁，落给我……”这首流传于矿村的童谣，源起于这棵古老银杏。古树与古观相伴而生，历经沧桑，至今仍枝叶茂盛，树冠如盖，树干虬曲，葱郁庄重，气势磅礴。传说，夜深人静之时，人们能听到仙人们在树上的谈笑声。因此，这棵古银杏也被当地居民尊称为“神树”，人们在神树下乘凉、祈福，它成为村里不可或缺的组成部分，伴着村里一代又一代人成长。

白云观是省级重点文物保护单位，其大殿建筑宏伟，院内有明清碑石 11 座。据观内碑文记载，白云观始建于隋朝，比全真龙门派丘处机修建的北京白云观早 600 年。观内存有至今仍保留完好的隋代建筑三清殿及 13 块不同朝代的石碑，均具有较高的历史文化价值。

白云观在 20 世纪 70 年代曾受到一定程度的破坏，但大殿保存完整。1995 年，以白云观历史文物和古银杏树为重点，当地政府对白云观进行了整体修复改造，拆除院内部分墙体和假山水池，增加院内面积，新建院内围合墙体，与原学校教学楼实施分离，便于历史文物和古树的保护；挖掘整理出 13 块古石碑并新建碑林，粉刷装饰白云观庙宇；重新整修了银杏树围栏，以保护古树，进一步弘扬历史文化。

坐落在该村村北的佛峪风景区，自然风景秀丽，历史悠久，文化底蕴深厚，文物古迹众多，集人文和自然景观于一体，是济南著名胜景之一。目前，佛峪、白云观和千年古银杏树已成为当地文化和旅游的新名片。

淌豆寺古银杏

• 淌豆寺古银杏树鸟瞰图

淌豆寺位于济南市历城区蟠龙山高家洼村。寺内有一棵高大、粗壮的千年古银杏树。深秋时节，它擎着金黄色的华盖静静立于庙廊之后，斯斯文文却无法掩盖其夺目光芒。

进入寺门，依山而砌的石墙上布满绿苔。穿过寺院右侧的钟鼓楼，高大古朴、郁郁苍苍的银杏树随即映入眼帘。这株古树坐落在大殿正前方，树冠宛如擎天巨伞，轻轻将一侧殿宇纳入树荫的怀抱之下，如同一位极尽呵护之能的母亲。

• 古银杏树树干全貌

该树为雌株，树龄 1000 余年，树高 25 米，胸径 1.6 米，冠幅 20 米 ×24 米，枝下高 3 米，生长旺盛，树冠卵圆形，较庞大；灰褐色的枝干苍劲地伸向空中，依然有新枝叶奋力生长。主干挺

• 古银杏树枝冠

直、粗壮，2米处比底部粗，树体上有瘤状突起，有4个主枝，均从主干3米处生出，较粗壮。该树枝叶正常，结果量较少，树干凹凸不平，复干主干合生。

为了保护好这株古银杏，寺院在古树周边垒有圆形砖砌树池，由专人管理，定期巡视，尽力为古银杏树提供良好的生长环境。

此株古树枝繁叶茂，焕发出蓬勃生机，其原因除了人工护理外，还离不开泉水的滋润。寺院旁的淌豆泉清澈甘洌，常年不竭，在岩壁泉源处的牌位上写有“淌豆泉龙王之神位”的字样，泉水自岩缝流出，经凿石修建的长方形池，顺山势北流，汇于石坝拦截的蓄水池内。池四周围有青石雕花石栏杆，池水在秋风的吹拂下，碧波荡漾，泉浸根，树养泉，古树“采天地之灵气，吸日月之精华”，昂昂然，勃勃焉。

• 淌豆泉岩壁泉源处

• 古银杏树全貌

关于淌豆寺的来历颇具传奇色彩。据清乾隆《历城县志·卷十八》和道光《济南府志·卷六》记载，此处岩洞曾淌豆接济李唐军士粮饷而得名。相传唐太宗东征高丽时行军至此处，无水缺粮，太宗拔剑刺入石壁曰："天绝我邪？"忽然电闪雷鸣，阴云密布。太宗大奇，于是拔剑出壁，倏忽之间，只见甘泉从被刺的石壁中喷涌而出，更令人惊奇的是从泉水里还有金灿灿的豆子淌出来，太宗大军最终得救。于是，李世民把此泉命名为"淌豆泉"。后来有僧人建寺居于泉上，称唐寺，又称淌豆寺、龙泉寺。据寺院负责人介绍，寺庙在"文化大革命"时期被损毁，目前的寺院系 2000 年后在原址上新建。

淌豆寺坐南朝北，远远望去，金色的仿古大殿在阳光照耀下熠熠生辉，在其之上的古树冠盖将大殿遮盖得严严实实，轻拥入怀。黛色的基，红色的墙、柱，黄色的琉璃瓦，绿色的树木，一切皆如此和谐、美好，看后让人不自觉地惊叹自然与人工的结合竟如此天衣无缝。

淌豆寺

普门禅寺遗址古银杏

• 普门禅寺遗址古银杏树树干全貌

普门禅寺遗址位于济南市历城区仲宫镇北道沟村，地处海拔 200 米的圆通山下。原寺院山门外有两株千年古银杏树，一雌一雄，虽经千百年的风霜雨雪，仍枝如铁、干如铜，枝繁叶茂、倔强峥嵘。

两株古树树龄均逾 1000 年，左边为雌株，树高 25 米，冠幅 30 米 ×24 米，胸径 1.21 米，生长旺盛，树冠塔形，树形优美，干形通直，粗壮，基部突起，根盘较大，有分枝 6 个，枝下高 4 米，干高 22 米，树皮呈灰褐色，结果量大。右边为雄株，树高 27 米，冠幅 20 米 ×21 米，枝下高 4 米，胸径 1.43 米，生长旺盛，树体高大，树冠形状不规则，东侧树冠略大于西侧，主干挺直、粗壮，多个分枝，东侧一分枝较粗壮。

如今，人们比较重视古树的保护，在树周围修建了树池。不远处杂草丛生、断壁残垣，被荒废的农家老房子，默默地记载着寺庙久远的历史，曾经的兴盛。

圆通山又名西佛寺山，因从远处望去整座山体像是一座天然睡佛，神态安详，形象逼真，故而得名。此处三面环山，只有一条山路通往山外，是绝好的风水宝地。

据寺院历史记载，普门禅寺始建于北魏南北朝时期，历经唐宋两代，毁于抗金战火，至明朝后历代重修到“文化大革命”时期全部毁于一旦。

如今的普门禅寺，是个名副其实的遗址，坍塌的庙宇、横陈的残碑、古旧的砖砾，还有当年所建普门禅寺而用的青砖、料石、小瓦等物散落于荒草之中。这一切昭示着，昔日这里曾是一处规模颇大的寺院。

不知经历了多少风霜雨雪，在目睹沧海桑田的历史变迁后，古树依然顽强

● 普门禅寺遗址

● 普门禅寺遗址碑

● 普门禅寺遗址南侧古银杏树

● 普门禅寺遗址北侧古银杏树

伫立着。高耸云天的古树早已被人们视为树神，逢年过节，人们都会在此祭祀树神，以祈得到树神的护佑。

在古树的东侧 30 米处有一泉，名曰圣水泉。明清以后，社会逐渐安定，普门禅寺得以重修。据崇祯、乾隆《历城县志》和道光《济南府志》记载："圣池泉在普门禅寺山门外，清洌澄洁，一方攸赖"。泉池现在还保持着原貌，为石砌方池，池岸围以雕刻精致的石栏，水自池壁石雕龙口中吐出，潺绵不息，池旁墙壁上嵌"圣水泉"碑，还立有一座小型龙位神龛，龛壁上依稀可辨"圣水泉""龙王之位"等字样，寄予着人们企盼风调雨顺的心意。

关于圣水泉有一个神奇传说。早年间当地村民得了怪病，陆续有人不治而亡。泰山奶奶知道后，前来给村民分药，并要求用圣水泉的水煎药，村民照办，果真药到病除。据查，泉边耸立着两棵巨大的古银杏树，其根已经扎入圣水泉源之内，泉水从木鱼石缝间流出，再加上山上长满丹参、首乌、桔梗、穿山龙等药材十余种，所以泉水不仅清澈甘洌，而且还有驱病健身之功效。正是神奇的泉水和古树，造就了古寺人脉绵延，至今仍吸引着市区市民隔三差五开车到这里打水。

繁华不再的古寺遗址、废弃的老宅、古树下的断壁残垣与古树一同见证着历史，记录着曾经发生的一切，诉说着普门禅寺的过往。千百年来，这两株古树浸润着朝夕珍露，纳千年天地之灵气，吸千载日月之精华，承人间千年之香火，依然散发着勃勃生机与活力，其所承载的历史和沧桑，还有待我们去一一解开。

大舟院古银杏

● 大舟院古银杏树全貌

莱芜区华山林场内大舟院风景区有两株千年古银杏，一雌一雄，被人们称为“千年夫妻银杏树”。

两古树位于景区志公殿前，东雄西雌，相距 10 米，遥相对望，相依相伴。雄树威武雄壮、枝繁叶茂，树高 27 米，胸围 4.4 米，共分 15 个主枝，东西冠幅 26 米，南北冠幅 25 米，树冠遮阴 600 余平方米；雌树比雄树瘦小，秀丽潇洒，树高 19 米，胸围 2.2 米，共分 15 个主枝，轮生向四周斜向上生长，树冠覆盖面积 123 平方米。雌树根基部长出一株幼树，碗口粗，13 米高，犹如银杏“夫妻”树的“独生女”，三树相偎相依，其乐融融，当地人称为“三口之家”。传说不生育的妇女摸一下母子树便能生育，去此游玩的人摸一下可以多子多福。

● 两株古银杏树

大舟院景区面积 4175 亩，是传说的道教圣地。这里自然资源丰

• 古银杏树之一

• 古树石碑

富，环境优美怡人，森林覆盖率达 95%，是生物物种最齐全的景区之一。同时这里文化底蕴深厚，具有相当高的历史文化价值。

据史料记载，华山的最高峰名叫“大山”，海拔 823 米，古时候山下有处古刹寺院，因为石砌院墙曲折起伏，形如大舟，故而得名，便被称为“大舟院”,“大

• 华山远景

● 大舟院风景区建筑

山”又被称为“大舟山”。原大舟院寺庙建于唐朝末年，960年左右，其四面环山，地势突出，是风水宝地中的风水宝地。如今“大舟院”仅仅是个地名，已经无“院”可寻，仅在一片广阔的山地上留下一些旧围墙的残垣让后人遐思追忆。

庙前所留两株银杏树历经沧桑，已成为历史的见证。树前台上的石碑，为清朝以来所立，在“文化大革命”期间被损毁，现大多字迹模糊，在《还大舟院庙田碑记》中，对之前大舟院寺庙之貌有所记载，最宏伟的建筑是志公殿，殿内供奉的是志公，传说他是南朝的一位得道高僧，以禅业著称，人呼“志公”，因修行得道，便成为今天我们熟知的“济公”原型。由此我们可以知道当年志公殿“清钟一杵万山鸣，疑是风撼舟自衡”的大舟院寺庙的盛景。而如今，连残垣断壁都没有了，只剩下柱石、台阶石、瓦砾散乱各处，人们只好“庙岭叮当无半语，来人都向梦中闻”了。还好，苍翠挺拔的古银杏成为历史的遗存，见证着历史，诉说着曾经的辉煌，带给我们这里曾经是朝拜圣地的讯息。

今天的人们仍以自己的方式来表达自己虔诚的信仰，民众自筹资金修建了小庙，每年农历六月六数万之众前来上香祈福，以祈求心中之神保佑他们健康平安。

驻足古老银杏树下，令人不由心结千古。两株夫妻树在志公庙前已耸立千年，几经岁月更迭、世事变迁，两树依然相偎相依、不离不弃，不断书写着千年之恋的传奇故事。

03 >>>

青　岛

1. 崂山风景区古银杏群
2. 白云洞古银杏
3. 明道观古银杏
4. 李村古银杏
5. 法海寺古银杏
6. 寺前村“八子绕母”古银杏
7. 博物馆古银杏

崂山风景区古银杏群

● 崂山风景区古银杏树

青岛市崂山风景区位于崂山海湾之畔、老君峰下，地处海滨，岩幽谷深，素有“神窟仙宅”之说。其方圆百里，宫观星罗棋布，有九宫八观七十二庵。崂山风景区内，古银杏树数量多，在过去青岛地区留有名诗“逢庙必栽银杏树，崂山风气古来殊，至今到处依然在，幸免斧斤得散俱。”在崂山各景区中，分布着一大批古银杏树，这批古树的共同特点是根蘖强，多数银杏树都有较多的子株，形

● 崂山风景区鸟瞰图

成了“公孙同堂”的植物生长景观，为景区的景色点缀起着主景、配景和对景的功能，有较高的观赏价值。据调查，该风景区树龄较长的银杏树现存37株，最早植于汉代，晚植于明、清，其中1000年以上者有8株。千年以上银杏树群在全国少见，如此规模庞大的古银杏树群更是极为珍贵。苍翠的银杏树与宫、观、庵有机融合，浑然一体，为“天上人间，海上崂山”平添了无限风光。

● 崂山太清宫

树龄较大的这几棵古银杏主要在太清宫和上清宫。太清宫共有古银杏树4株，上清宫有3株，树龄均在1000年以上，其中2株在三官殿院内，2株在三官殿院外。

太清宫三官殿大门外西侧的古银杏为雄株，树高17米，胸径68厘米，冠幅8.5米×9米，枝下高5米，生长旺盛。树冠尖塔形，较大，树形优美；主干挺直、粗壮，有2个主要分枝，侧枝10余个，均从主干5.0米处发出；基部有萌蘖6株，与母干的距离为0～0.3米，该树枝叶正常。

太清宫三皇殿门前的古银杏，雄株，树高22米，胸径80厘米，冠幅10米×13米，枝下高5.6米，树冠塔形，较大，横跨院内外，树形优美，主干粗壮，略向西倾斜，分枝高度较高，在5.6米处有3个主要分枝，侧枝10余个，在主干上分布均匀。有复干1株，高5.8米，胸径5厘米，与母干的距离为0～0.1米。该树生长旺盛，生机勃勃。

太清宫三官殿院内东西两侧各有一株古银杏。东侧古银杏，雄株，树高33.0米，胸径1.48米，冠幅15米×13米，枝下高7米。树冠塔形，庞大，树形优美，主要分枝于顶部，已干枯折断。树体基部有瘤状突起，尤以北侧最为明显。主干粗壮，略向南倾斜，有4个分枝，均分布在主干7.0米以上部位，侧枝10余个，生长旺盛。有1株复干，高8米，胸径0.28米，与母干的距离为0.3米。该树枝叶正常。

太清宫三官殿院内西侧古银杏，雄株，树高30米，胸径1.12米，冠幅11米×8米，枝下高8米。生长旺盛，树冠塔形，树形优美，主要分枝顶部干枯折断。主干高大粗壮，向西倾斜 40°，延伸到院外，有分枝 10 个，均集中在主干 8 米以上，均匀分布于主干上。该树枝叶正常。

太清宫是崂山历史最悠久、规模最大的一处道教殿堂，迄今已有 2100 多年历史。据记载，汉代江西瑞州府张廉夫弃官来崂山修道，筑茅庵一所，供奉三官大帝，名曰“三官庙”。唐天佑元年（904 年），道士李哲玄来此修建殿宇，供奉三皇神像，名曰“三皇庵”，后称“太清宫”。

现太清宫分为三院三殿，是明天启二年（1622 年）道人赵复会重修时所为，自此确定了三官、三清、三皇各殿为三院的格局。在三官殿东侧有一处两进的堂院，是清代翰林尹琳基修建的“翰林院”，现为太清宫的客堂。三院均有围墙，各立山门，并有便门相通，共 147 间殿宇，加上道舍、客房共计 240 间，建筑面积 2500 平方米，占地面积 3 万平方米。后又增建元辰阁、元君阁、祖师殿、钟楼、鼓楼等殿堂。1989 年，政府对三清殿、东华帝君殿和西王母殿进行修缮，重塑神像 47 尊。

上清宫古银杏共 3 株，其中院内 2 株，院外 1 株。院内 2 株相传植于西汉，迄今已逾 2000 年历史，是崂山古树中树龄最长者，两株古树分立内院大门两旁，像默默守护院子的忠实卫士。右侧的古银杏，雌株，树高 22 米，胸径 1.1 米，冠幅 11 米 ×14 米，该树母干已死亡，仅剩部分残桩，周围萌生 12 株复干，最大复干胸径 0.3 米，高 12 米，复干与原母干的距离为 0 ～ 1.3 米，有萌蘖近 10 株，与母干的距离为 0 ～ 0.8 米。复干和萌蘖生长均较旺盛，枝叶正常，未见结果。左侧亦为雌株，姑且命名“凤凰涅槃”，该树高 21.0 米，胸径 1.22 米，冠幅 10 米 ×16.7 米，枝下高 2.3 米。树势一般，树冠形状不规则，主干上大部分主枝干枯。主干粗壮，中空腐朽犹如老槐，略向南倾斜，树皮脱落，纹理古拙遒劲。分枝基本枯断，仅存一较小侧枝存活。有复干 5 株，最大复干高 15 米，胸径 30 厘米，复干与母干的距离为 0 ～ 1 米，其中一复干从中空的母干中钻出，蔚为奇观，颇具“凤凰涅槃”的意味。该树枝叶正常，结果量一般。院外 1 株，树高 26 米，胸径 1.5 米，长势强健，生命力旺盛。

上清宫创建于宋初，后经历代增修。现分为两进庭院，殿宇和 房舍共 28 间，建筑面积 500 平方米，占地面积 1500 平方米。前院门内东西两侧各有银杏一株，被称为“仙树”。古人诗云：“门前排列锦为屏，墙内清阴绿满庭。百岁牡丹千岁杏，一花一木亦通灵。”上清宫奉道教全真道华山派，为崂山许多道观中惟一的丛林庙。宫西北岩下石间有一清泉，名曰“圣水泉”，其水甘洌澄明，为崂山一大名泉。

古银杏树树冠

上清宫

这片古老的银杏群，伴着崂山的宫观寺院、碑碣摩崖历经世代风风雨雨，沐日浴月，看遍人间繁华，相看两不厌，成为崂山独特的风景。

古银杏树树干

古银杏树全貌（一）

古银杏树全貌（二）

白云洞古银杏

● 白云洞古银杏树

崂山风景区内白云洞前有两株千年古银杏，一雌一雄，比肩而立，相伴而生，枝如交臂，叶叶相融，粗可合抱，如巨伞撑天，至今生机盎然，颇为壮观。

洞北侧银杏树为雌株，树龄约 1000 年，树高 12 米，胸径 0.86 米，冠幅 15 米 ×7 米，枝下高 3.6 米，生长旺盛，树冠形状不规则。主干挺直、粗壮，有 4 个主枝，其中一主枝较粗壮。有复干两株，最大复干基径 8 厘米，高 3 米，复干与母干的距离为 0 ～ 0.3 米。

洞南侧银杏树为雄株，树龄约 1000 年，树高 21.80 米，胸径 1.34 米，冠幅 18 米 ×11 米，枝下高 2.5 米，生长较旺盛，树冠形状不规则。主干挺直、粗壮，有瘤状突起，有 6 个主枝，生长较旺盛。复干 5 个，与母干的距离为 0 ～ 0.3 米，最大复干胸径 15 厘米，高 2 米。

● 白云洞

白云洞是崂山著名的道观之一，因常有白云升腾而得名。海拔 400 余米，背依石壁，面临深涧，自然奇特，是崂山名洞之一。白云洞始建于唐天宝二年（743 年）。741 年，唐朝道士姜抚求药崂山，选择了这处依山傍海 的山洞修炼。两株雌雄古银杏即为当时初创道场时所植，故树龄已逾 1000 年。南宋白玉蟾来到崂山后也曾在这里修炼。宋代，江南

● 古银杏树枝冠

道教内丹派第五祖白玉蟾来到崂山，对白云洞进行增修，白云洞逐步形成一座修道殿堂。白云洞创建后，因为道路艰难，物资运输极不方便，主持白云洞的道士也时断时续，直到明末清初，在崂山道士田白云的主持下，此洞真正建成为道教观院。

白云洞人工建筑是清乾隆年间道士赵体顺主持进行的。洞内呈四方形，宽约 7 米，进深约 7 米，高约 2 米，洞顶平整，地面由石条铺就，可以同时站立数十人，共有以青龙阁为主体的殿房 24 间计 400 余平方米的人工砌体，为道教金山派主要庙堂之一。1938—1943 年，由于崂山各庙道士积极支持抗战，日本侵略者曾对崂山进行过多次惨无人道的“扫荡”。1939 年 5 月 4 日，日军在飞机、大炮的轰炸掩护下冲进白云洞，众道士大义凛然，宁死不屈，日军惨杀了道长邹全阳及道士 5 人，放火烧毁了白云洞。白云洞院内的两株古银杏，目睹了历代修道之士的艰苦创业史，也目睹了日本侵略者的兽行。白云洞现为市级文物保护单位。

这两棵古树与仙洞忠诚相守千年，苍翠的古树伴着青黛庙宇，与袅袅白云、虬曲松柏、潺潺流水、布衣僧人构成一幅美好静谧的画面，成为崂山著名胜景。

明道观古银杏树

明道观古银杏

在青岛市崂山区崂山东麓、招风岭前明道观院外有两株千年古银杏树，树势巍峨挺拔，雄伟壮丽，给古观增添了一道亮丽的风景。

崂山明道观海拔 700 多米，是山东省现存海拔位置最高的道教庙殿。门前台阶东侧 1 株银杏树高 27.5 米，胸围 3.20 米，树冠东西向 17.2 米、南北向 25 米；台阶西侧一株银杏树高 21 米，胸围 2.80 米，树冠东西向 12.6 米、南北向 16.5 米。

古银杏树枝干

古银杏树枝冠

● 明道观碑

这2株千年古银杏树，是唐代后期来自长安的道士在这里采药炼丹时栽植的，树龄均为1000年以上，属国家一级保护古树。据《崂山地名志》所载，唐天宝二年（743年），古银杏树生长处就有过房屋，但那时候的房屋不是庙宇，而是唐玄宗派来采药炼丹的方士孙昙及弟子们在崂山建起的采药炼丹的山房。在棋盘石景区内距明道观不远的地方，有好几处古老的刻石遗迹，记载着孙昙在崂山炼丹的事迹，其中尚能辨认的有："敕孙昙采仙药山房""敕采仙药孙昙遣祭山海求仙石""大唐天宝二年三月初六日孙昙……之以俟来命"等字迹。按刻石时间计算，至今已有1200余年，有关专家认为此处刻石均系孙昙的弟子们所为。千年的风化令其斑驳难辨，显示出大自然的无情，可三株古银杏树却仍生机盎然。现存的明道观是清康熙五十三年（1714年）由道士宋天成所建，庙分两院，东院是玉皇殿，西院是三清殿，院宇宽敞，松青竹翠。后遭破坏，今存遗迹。

观四周青山环绕，地势高，下有高台，巨松周匝，后有三真、天然两洞，均为道教名胜。洞下有一清泉，清澈见底，四季不涸，西有"挂日峰"，东有"观日峰"，环境清幽，风景雅致。

此处清风白云，沧海古树，白墙黛瓦，优美的自然环境与浓厚的历史文化有机融合，成为著名的旅游胜地。

李村古银杏

李村古银杏树

青岛市李沧区浮山路街道办事处东李村有两株千年古银杏。北株，雌株，树龄约1000年，树高8.0米，胸径1米，冠幅15米×13米，枝下高1.8米，树势衰弱，树冠塔形。主干挺直、粗壮，树皮脱落严重，仅存5个主枝，其中两个存活，其余干枯，基本无侧枝。有复干6株，与母干的距离为0～0.6米，生长旺盛，最大复干高8米，胸径0.25米，位于路旁，生长条件一般。

古银杏树全貌

• 北株古银杏树

• 南株古银杏树

南株，雌株，树龄约 1000 年，树高 10 米，胸径 1 米，冠幅 11 米 ×12 米，枝下高 4.4 米，生长旺盛，树冠长椭圆形。主干挺直、粗壮，1.0 米以下树皮脱落严重，有 4 个分枝，均较粗壮。有复干 1 株，高 2.5 米，直径 5 厘米，与母干的距离为 0.1 米。该树生长于路边，与上一株相距 3 米，生长条件一般，两树为国家一级保护古树。

两株古树不知何年何月何人栽植于斯，她们如同一对姊妹花，手挽手，肩并肩，傲然站立在繁华都市的街头，目睹着城市的沧桑巨变。周围是高高低低的房屋，川流不息的车辆，熙来攘往的人群，你注意或者无视这都不妨碍什么，她们仍然自顾地伫立着。春季吐出一片嫩绿；夏季献出一方清凉；秋季呈现一树绚烂金黄；冬季叶片落尽，无数小小的枝条聚拢空中，在烈风暴雪中，岿然不动。四季更迭，鬓霜尽染，岁月无声，千年已倏然而过。

法海寺古银杏

法海寺古银杏树

法海寺位于青岛市城阳区石门山西麓夏庄镇源头村东，因纪念创建该寺的法海大师而得名，距今已有 1700 多年历史，寺内有三棵千年古银杏较为出名。

位于寺门口的一株古银杏为雄株，树龄 1600 余年，树高 28 米，胸径 1.20 米，冠幅 9 米 ×9.5 米，枝下高 5.5 米。树冠卵圆形，略向北倾斜，主干粗壮，树形优美，树皮粗糙，有 6 个分枝，5.5 米处分枝较小，8 米处 4 个分枝较大，生长旺盛。

位于寺内大雄宝殿前的两株古银杏一雌一雄，树龄也已 1600 余年，曾有史料记载："先有法海寺的白果树，后有即墨城"，文中说的白果树就是这两棵。东侧的一株为雄株，树高 27 米，胸径 1.33 米，冠幅 17 米 ×15 米，枝下高 4 米。生长旺盛，树冠卵圆形，树冠较大，西侧略大于东侧。主干挺直、粗壮，有分枝 5 个，较粗壮，均从主干 4 米处发出，在主干上分布均匀，其中主枝顶

寺门口古银杏树

● 大雄宝殿前古银杏雄株

● 大雄宝殿前古银杏雌株

部折断。该树枝叶正常，结果量大。西侧一株为雌株，树高 22 米，胸径 0.6 米，冠幅 7 米 ×4 米，枝下高 4 米。树势衰弱，树冠形状不规则，大部分侧枝枯死折断。主干挺直，有 3 个分枝，其中一分枝较大，其余两个较小，生长一般。基部有萌蘖 8 株，均贴母干生长。该树枝叶正常，未见结果。两棵千年银杏分列大殿两侧，遥相呼应，相得益彰。微风过后，如同一对“忘年交”在窃窃私语，又如同忠诚的卫兵忠实守护着院落。

银杏树被誉为长寿树、圣树、福树，受人尊崇。古树周围缠绕着许多红色带子，这些都是前来祈福的人们绑上的，承载着他们祈求健康、美好的愿望。深秋时节，天气晴朗，瓦蓝的天、洁白的云，衬着金黄色的银杏树，美丽之至。微风吹来，金黄油亮的叶子簌簌而动，翩然而落，成了寺里一道别样的风景。

充满了灵性的古树历经千余载，饱受了血雨风霜，见证了历史云烟。站在千年古树下，心便会幻化成丝丝缕缕浸润其中，感触她的过往、曾经、沧桑和苦痛。与之相比人类不过是漫长历史长河中的一粒微尘，或许只有在这古老的寺庙中才能找寻那跨越千年的沧桑变幻。听着千年的梵音，古树也充满了灵性，引得无数人为她驻足，踯躅漫步于此。

据寺内《重修法海寺碑》碑文记载，法海寺始建于北魏，宋代、元代、清代均有过重修，是青岛地区最古老的佛教寺庙之一。进入 20 世纪，青岛市人民政府于 1956 年拨款维修；1994 年夏庄镇各村集资，在原基础上重新修整，基本恢复了 1956 年的原貌；城阳区成立后，亦对法海寺进行整修，并于 1997 年开放。

目前，古树由园林专家定期对其进行养护、施肥，护理得当。

寺前村“八子绕母”古银杏

● 寺前村“八子绕母”古银杏树

寺前村位于胶州市杜村镇南部，该村坐落于宝塔寺遗址前而得名，还有寺后村。寺前村和寺后村之间有一棵被称为“八子绕母”的千年古银杏。

宝塔寺始建于1500多年前佛教盛行的南北朝时期，原建于明山岭上，唐初（620年左右）迁至今银杏树处。历经多次重修，有文字记载的共3次，均在清代。现宝塔寺已不复存在，原址上建了一座养老院。

“独木成林，八子绕母”的古银杏是这里的一大奇景。该树为雌株，树龄约1100年，树高25米，胸径1.56米。冠幅24.5米×23.5米，枝下高3.5米，生长旺盛，树冠塔形，东侧树冠大于西侧，树形优美。主干挺直、粗壮，在3.5米处分为两个主枝，分枝生长旺盛。有较粗大复干九棵，贴母干生长，最大复干胸径1.45米，高15米，最小的胸径0.45米；周围丛生4厘米左右萌蘖33株，与母干

● 寺前村“八子绕母”古银杏树全貌

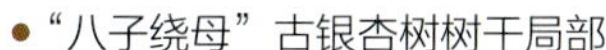

• “八子绕母”古银杏树树干局部

• 复干

的距离为 0 ～ 0.8 米。古银杏树苍老遒劲，枝繁叶茂，结果量较小。

为何称“八子绕母”银杏树呢？因该树由根部自然而生的八株子体环绕母体而列，整齐有序，母体、子体同根而生，枝结连理，各具风景又浑然一体，似栩栩如生的母子嬉戏同乐图，俗称“八子绕母”“八子围母”。这棵千年银杏树已经“子孙满堂”，形成“独木成林”的奇异景观。

“八子绕母”古银杏树有一段感人的故事。传说很久以前，黄河发大水、闹蝗灾，有对崔姓夫妇带着两个嗷嗷待哺的儿女四处逃荒。这对穷夫妇虽说生活异常清苦，但心地善良，一路上还收养了 6 个孤儿。后来他们逃荒到了胶州地界依山傍水处的宝塔寺前，崔老汉强撑着给老婆孩子搭了个遮风挡雨的草棚，让她们有个栖身的地方，然后就离开了人世。崔老妇非常勤劳，吃苦耐劳，种田植树，辛辛苦苦扶养 8 个孩子长大成人。崔老妇多福多寿，活了 80 多岁，离世时她栽植的银杏树早已枝繁叶茂，开花结果。为寄亲情，儿女们把她葬在这株银杏树下。为报母恩，8 个孩子商定，死后都圈葬在老母坟旁，以尽孝道。他们去世埋葬后不长时间，这株银杏树根部竟然生出了 8 株银杏幼苗，并且越长越高，终于环抱老树，合而为一，形成了根相通、枝相连、叶相嵌的古树奇观。

千百年来，每逢清明节，崔家人都会备下果品，带领儿孙来到老银杏树前烧香祭奠，告诉儿孙们“八子绕母”是先祖的化身，教育后代，老养小，小敬老，代代慈爱，辈辈孝顺。

历经千年，银杏树依然枝繁叶茂，“八子绕母”的故事也广为流传。如今作为古树名木的奇观，吸引了众多游客前来观赏。这极具观赏价值的古树，这感人传奇的故事，一直教诲后人要团结协作、尊老爱幼、家庭和睦。

博物馆古银杏

● 平度市博物馆内景

平度市博物馆位于平度市区中心红旗路中段北侧，由一组古建筑组成，临街是一座仿古飞檐门楼，门楣横匾上的馆名“平度县博物馆”为艺术大师刘海粟亲笔题写。院内有一古银杏树与博物馆相辅相成、相得益彰，为博物馆平添了厚重的历史底蕴。

古银杏为雌株，树高 21 米，胸径 1.50 米，冠幅 10 米 ×12 米，种植于东汉年间，树龄约 1800 年。树冠倒塔形，庞大、优美。主干挺直、粗壮，有分枝 8 个，均分布在 4 ~ 5.5 米范围内，呈发散状。古树生长旺盛，不结果。

巍巍银杏龙盘虎踞，气势磅礴，冠似华盖，历经千年风云变幻。相传，该树为汉武帝东巡芝莱山时亲手栽植，唐朝时侧生幼树，两株连体，故称“汉唐母子银杏树”。每年的 11 月，千年古树树叶逐渐由绿变黄，大批游客慕名前来观赏。

● 平度市博物馆

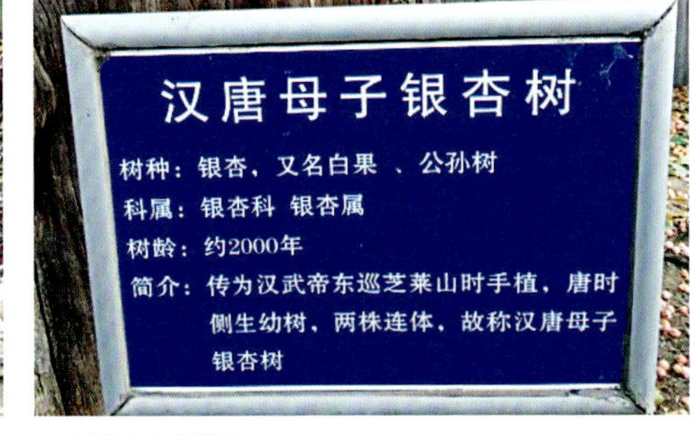

● 古银杏树树牌

● 古银杏树全貌

• 古银杏树主干

• 古银杏树

古银杏树硕大的树冠上，片片叶子泛出油亮的金黄色，因坐落在博物馆内，更加显得神秘、威严。“岁月有代谢，四时景不同”，秋天是千年古银杏树最美的时刻，落叶缤纷之际，金色渲染大地，脚下轻轻踩着柔软的落叶，抬头仰望碧蓝的天空、洁白的云朵、满目撼人心魄的金色，你会感受到大自然的神奇之美。

04 >>>

淄　博

1. 兴隆观古银杏
2. 中庄村古银杏
3. 盖冶村古银杏
4. 荆山寺古银杏
5. 栖真观古银杏
6. 唐山寺古银杏

兴隆观古银杏

● 兴隆观古银杏树

博山区城东办事处后峪社区有一座园林叫梓胜园，园内有一座北宋时期建立的庙宇叫兴隆观，观内正殿后园有两株千年古银杏树。左侧古树高 23 米，胸径 1.15 米，冠幅 15 米 ×20 米，枝下高 3.8 米。生长旺盛，树冠塔形，较庞大，树形优美。主干挺直、粗壮，有 3 个主枝，侧枝近 10 个，均从主干 4 米处发出，发散状分布于主干上，该树枝叶正常。右侧古树高 24.5 米，胸径 1.25 米，冠幅

● 梓盛园

● 古银杏树树牌

● 古银杏树树干

● 古银杏树树冠

23 米 ×18 米，枝下高 2.2 米。生长旺盛，树冠塔形，较庞大，树形优美。主干挺直、粗壮，有 2 个主枝，侧枝近 10 个，均从主干 3.0 米处发出，发散状分布于主干上，树冠庞大葱郁。据考证，古树系宋代初年观内道长所栽，距今已有千余年历史。秋末冬初，庞大的树冠一片金黄，吸引了无数摄影爱好者和游人前来观光。

● 左侧古银杏树

兴隆观前临秀水河，门前有一座拱形石头桥——沧泉桥，桥下流水潺潺，河边垂柳摇曳生姿；桥东侧有“兴隆观”石碑，为淄博市文物保护单位。观南面有一残垣断壁青砖墙，有几块石碑嵌入墙中，记载着此处的历史沧桑。

兴隆观再往东有“沧泉”古墙城门，由一色的青石砌成。城门上面建有文昌阁。进入园内映入眼帘的是正北大殿五间，殿内供奉的是真武大帝的金身像，大殿东西两侧配殿各两间。正殿东西侧各有“曲径通幽”“鸟语花香”圆形墙门和“逸乐”“忘忧”菱形墙门通向后院。

兴隆观东靠古柏森森、苍翠欲滴的东岭，西依植崖而生、奇特挺秀的古楝树，原来整个道观到处绿树掩映，翠柏环绕，风景十分秀丽，然而几经沧桑，至20世纪80年代，兴隆观已面目全非，残垣断壁、满目瓦砾、凄凄荒草，秀色荡然无存。1990年，为保护好先人留下的珍贵遗产，给人们创造一个舒适优雅的环境，后峪村村两委作出决定，恢复兴隆观原貌。1991年新园建成，整个兴隆观古今合璧，前后贯通，步步有景，鸟语花香，曲径通幽，十分宜人，成了后峪村风景最优美的地方、人们健身游乐的好去处，从清早到晚上人流不断。考虑到时代的需要，后峪村将兴隆观改称为“梓盛园”。兴隆观1996年被列为区级文物保护单位。

• 右侧古银杏树

• 沧泉桥

中庄村古银杏

● 中庄村沂河边古银杏树全貌

沂源县中庄镇中庄村有两棵古银杏，一棵位于中庄村沂河边，另一棵位于中庄村油坊内，树龄均在千年以上。

沂河边古银杏距水源 50 米，土壤沙质，生长环境较好。这棵银杏树是比较少见的垂乳银杏。雌株，树龄约 1300 年，树高 15 米，胸径 2.14 米，冠幅 20 米

● 沂河边古银杏树

• 古银杏树树碑

• 沂河边古银杏树树干

×22 米，枝下高 2 米。生长较旺盛，树冠塔形，较庞大。主干粗壮，略向东倾斜，基部根系露出地面最高达 20 厘米，向外延伸 2 米，根盘很大，第一层分枝原有分枝均折断或被锯掉，锯口处腐烂较严重，形成空洞。现存 4 个分枝，均在主干 4 米上，生长较好。有一个较小垂乳。该树枝叶正常，结果量一般，为沂源第一古树，生长在一平台上，周围有杨树等杂树。

油坊内古银杏为叶籽银杏，雌株，树龄 1200 余年，树高 21.5 米，胸径 1.14 米，冠幅 16.5 米 ×12.5 米，枝下高 2.7 米。该树生长较旺盛，树冠塔形，较庞大，树形优美。主干挺直粗壮，有 5 个主枝，均从主干 2.7 米处生出，分布均匀，侧枝近 10 个，生长较好。该树结果率大，结果量较丰。

• 油坊古银杏树

• 油坊古银杏树树冠

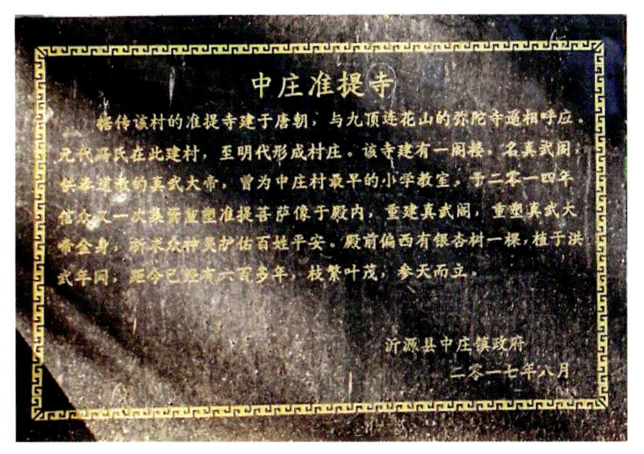

● 中庄碑

滔滔沂河从村东蜿蜒而过，宽阔的河床，清清的河水，滋润着这片土地。高高的东山崖，钟灵毓秀、人杰地灵。千年古树虽久经磨难，依然枝叶茂盛，生机勃勃。清光绪年间曾立碑纪事，专家称之为“沂源第一古树”。

古树饱经岁月沧桑，历经多次暴雨狂风等自然灾害及人为损害，但仍以顽强的毅力存活下来，并且生长状况良好，被当地村民奉为“神树”。每当遇到挫折时，村民都会以此树为榜样，发扬“神树”百折不挠的精神，勇敢地克服困难，古树已成为一种精神图腾。

千年银杏，万年沂河，斗转星移，日月穿梭，它们一直默默佑护滋养着这方百姓。有七绝古诗一首：

中庄千年银杏

千年守望等谁来，沂水无心笑口开。
但使长情痴诺在，何惜岁月染头白。

盖冶村古银杏

● 盖冶村古银杏树树冠

盖冶村位于沂源县中庄镇驻地东南的沂河冲积平原上，为夏商古村落，因古时冶铁而得名。盖冶村内有两株千年古银杏树。

古树为雄株，树高 21.7 米，胸径 1.54 米，树冠伞形，干形圆直，冠幅宽至 17.7 米，8 个分枝。土壤为黄土略有黏性，水源充沛，生长旺盛。分叉下部长有圆锥状突起，村民称之为“仙瘤”。

● 古银杏树全貌

据碑文记载，汉代在此处开设了冶铁房，唐代时建三教寺（现改为学校）。建寺时栽此银杏，树龄1000余年。

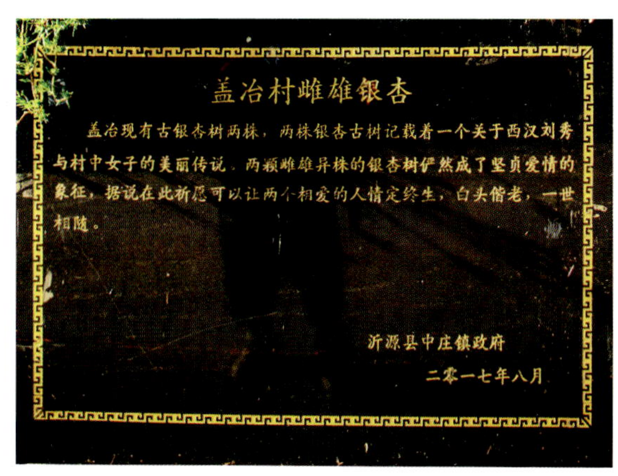

● 古银杏树树碑

听村里老人们讲，他们的祖先逃难到此，在这里开荒种地、安家落户时，银杏已生长于此，原有许多株，只因历史变革，加之自然、人为破坏，天长日久，至今仅存两株。当地村民自觉保护古树，学校有专人管理。逢年过节时，许多村民都来此树下祈福，祈求千年老树保佑村民，年年风调雨顺。另一棵生长在沂源县中庄镇盖冶村学校南30米，雌株，树高20.4

● 古银杏树枝干

• 古银杏树局部

• 古银杏树果实

米，胸径 1.24 米，树冠伞形，冠高 12 米，冠幅 14.1 米，5 个分枝。由于学校管理措施到位，每年硕果累累，每逢大年，果实可达 1000 公斤。两株树均为一级古树。

关于这两株古树还有一个美丽的传说。相传西汉末年王莽篡权。一次，刘秀与之交战后，刘秀兵败，单枪匹马落荒而逃，逃至此处后在一农户家借宿。农户家有一妙龄女儿，少女见刘秀虽穿着凌乱但眉清目秀、品貌端庄，颇具才气，心生爱慕之情。朝夕相处间，两人互生情愫，便私定终身，刘秀将自己的身世告诉了该女子，立誓待重振汉室后便来迎娶她。刘秀走后，这名女子日夜思念，翘首盼望君王归。女子痴心无以为寄，就在自己院中栽种了这两棵银杏树。只是痴情的女子最终没有等到心爱之人归来，多年后，积思成疾，带着期待和遗憾离开了人间。

如今，这两棵银杏树经过千年风雨的洗礼，依然枝叶繁茂、郁郁葱葱。看到这两棵树，我们仿佛看到一名女子久久徘徊在树前，翘首期盼爱人归来的身影。这两棵树并肩而立、相依相生，雄株位于学校门口东南约 10 米处，主干中空开

● 古银杏树

● 古银杏树树干

裂，上部用铁环固定，枝干粗大茂密，有焚烧痕迹，据村民讲是抗战时期日本兵所为。每年有很多人会专程来到这里祈福、许愿。在他们眼中，两棵雌雄异株的银杏树俨然成了坚贞爱情的象征，据说在此祈愿可以让两个相爱的人情定终生、白头偕老、一世相随。

盖冶村的冶铁、汉墓群等古文化遗存较有价值。冶铁遗址位于盖冶村南，分布面积约 2 万平方米，地面有大量的烧结物残渣、烧土、铁块等，曾出土过重达数百公斤的生铁块。

古老的银杏、残存的古文化遗迹默默记载着此地的传说和秘密，等待着人们去探索与发现。

荆山寺古银杏

荆山寺古银杏树

荆山寺位于沂源县南麻镇西 3.8 公里处的荆山脚下，以山得名。寺内生长一株古银杏，据碑文记载，此树乃建寺之初寺内僧人所植，距今有 1400 多年的历史，为国家一级古树。

古树为雄株，树高 22.7 米，胸径 1.37 米，树冠伞形，干形圆直，冠幅宽至 27.3 米，树冠扁椭圆形，主枝明显分成两层，上下各四，其中西南一侧枝下垂俯视大地，东北一侧枝翘首仰望苍穹，两枝相对，如宫女展袖起舞，婀娜多姿。最为称奇的是在主干 3.5 米处的树洞内斜生一株桑树和一株山葡萄，桑树高 3 米有余，胸径粗十多厘米，山葡萄粗如拇指，绕树攀缘，三树一体，共生共存。

古银杏树树干及树牌

● 古银杏树全貌

● 古银杏树枝干

● 古银杏树树枝

古树生长在被称作“八面环山，内有一掌平地”的掌心——荆山寺普安禅院院内，众峰环绕，环境优美，梨果飘香。据碑文记载：“丽日迎阳，春花早发，夏有凉风，秋深晚寒，冬升暖气”，其地理条件可谓得天独厚。

如今 1400 多年过去了，古银杏依然生机盎然，枝繁叶茂。1979 年，该树被定为县级重点文物保护对象，挂牌命名，加以保护。

荆山寺始建于隋开皇十年(590 年)，名为“无相寺”，于金大定三年(1163 年) 重修，改名“普安禅院”。据该寺最后一位僧人张德功回忆：“山门南向，为走廊式三间，塑有‘四大天王’像。”走进院内，迎面五间大殿，叫千佛阁，塑有百余尊佛像。再进一院是大雄宝殿，中间正面为释迦牟尼像，十八罗汉分列两边。东西两侧是厢房，充做仓厨。大雄宝殿后面十多间房是禅堂僧舍。庙门西侧有古银杏树，再西为荆泉溪流，泉上建有一桥；山门东侧有十二层砖塔一座；山门南面有敕建碑、八棱碑等大小碑碣林立两侧。整个寺庙布局合理，错落有致，具有明、清建筑风格，其规模可谓宏伟壮观。

荆山寺香火鼎盛时，有僧众百余。旧时青州府各地赴泰山进香的僧、尼、俗莫不于此驻足，文人墨客亦多会于此。明正德年间，上饶进士沂水知县汪渊游荆山寺时赋诗一首：

闻说荆山胜，荆山此日游。
灵泉同地脉，怪石出林头。
老衲和云卧，昙花入夜浮。
谁能解心思，我亦学藏修。

荆山寺到清代晚期已败落，唯有这株古树仍姿如凤舞、气如龙蟠，昂然伫立于荆山脚下，看日月轮回，观人间烟火。

荆山寺遗址

栖真观古银杏

● 栖真观古银杏树

沂源县鲁村镇安平村是一个美丽的村庄。村西有一座占地十几亩、宋末元初建造的道观，也就是祖辈们口中代代传续的栖真观。

古银杏树生长在栖真观院内，一级古树，树龄 1400 余年，树高 26.5 米，胸径 2.39 米，冠幅 18 米 ×23 米，枝下高 4 米。生长旺盛，树冠塔形，庞大，树形优美，部分分枝顶端有干枯。主干挺直、粗壮，基部至分枝部位以下有大小不等的瘤状突起，称“龟瘤”，最大直径 65 厘米，似乌龟向上攀爬。南北两侧各从基部萌生一株小银杏树，胸径分别为 30 厘米、50 厘米，高 5 米，形似一母携带二子，故名“母子银杏”。古树冠大荫浓，有 13 个主枝，向四处延伸，为沂源最大的银杏树。此树西侧有 2 株圆柏，山东罕见，为沂源第一古树。

● 树干上的“龟瘤”

此树西侧原有一株雄银杏树，一起并立同生，仿佛一对伉俪，相依为伴，可惜雄树在 20 世纪 60 年代末被伐，只剩“孤儿寡母”。

关于银杏树，在当地还流传着一个传说。相传在建庙时，此树有一分枝向东南方向探出，影响建筑，村人意欲将此树锯掉。但在锯树时却随锯流出血水，村人随即停锯，次日观之，此树自动升高了 2 米，至今锯痕仍清晰可见。

安平村的地理环境优越，四周被青山绿水环抱。北靠巍峨起伏的仙公山，村

古银杏树枝干

• 古银杏树全貌

前小河四季流水不断，村西有栖真观，村南迎面两座山叫作大青山、小青山。因此地风清气正、祥和太平，村中文人以吉祥之言，寓意平平安安，便易名安平，也就是现在的安平村。安平村的民居建筑多是三合院形式，院落西侧开门，采用自然方石配合白石灰砌筑，正屋墙面抹有白石灰，结构完整。院内建筑门窗均为传统木制样式，建筑山墙盖有石板，用来压盖草苫子和墙面防水。

村中的栖真观，原名上真宫，始建于元，兴盛于清，占地 30 余亩，四面环山，石秀而林茂，泉池溪流潺湲于侧，注入西庵河，十分清雅。观内建筑并列三个院。三院之间有角门相通。中间正门建有门楼，红漆大门，旁有耳门一个，供平日出入。东西两大门是月亮门，整个建筑布局合理，错落有致，主要建筑都是高脊飞檐，雕梁画栋、金碧辉煌。据观内碑文记载：“至元十八年（1281 年）明真大师刘正道，保元大师董道常，由邹平县长春观来此筹建。”元二十五年（1288 年）至中华民国二十五年（1936 年）间十二次重修，颇具规模。极盛时道众 40 余人，庙地 120 余亩，成为闻名四方的道观。观内及附近有千年银杏、摩崖石刻、清代碑刻、唐朝莲花池、千年姊妹松等景观。2013 年，栖真观被山东省人民政府公布为山东省第四批省级文物保护单位。

每年农历三月初三逢庙会，大开山门迎接四方香客。届时商贾摊贩也云集而来，熙熙攘攘，十分热闹。三月初三是王母娘娘开蟠桃会的日子。晚清《都门杂咏》里有一首七言诗是这样描写当年庙会之盛况的：“三月初三春正长，蟠桃宫里看烧香；沿河一带风微起，十丈红尘匝地扬。”传说西王母原是中国西部一个原始部落的保护神，她有两个法宝：一是吃了可以长生不老的仙丹，二是吃了能延年益寿的仙桃——蟠桃。神话传说中的嫦娥，就是偷吃了丈夫后羿弄来的西王母仙丹后飞上月宫的。此后，在一些志怪小说中，又把西王母说成是福寿之神。

如今所谓栖真观东院尚存，但亦颓垣断壁；中院已辟为学校和村办公室；西院已为良田。现尚有数块历代石碑，砌于校门两侧的院墙上；东院的千年古银杏，盘根错节，老而不衰；中院奶奶殿前的两株翠柏，恰似丽质姐妹，苍郁含秀，默默不语，似在追忆栖真观当年的盛况。

过去很长时间，栖真观的历史不被世人熟知，一直神秘地沉寂在沂蒙山的深处。直到 2005 年，山东大学道家研究会的专家来此调研，才发现了这一深山秘密。鲁村镇专门成立文物修复协调小组，并由文化部门牵头全力以赴保护历史文化遗产，多次联系文物和历史专家实地勘查，制定了科学的修复方案，历时 100 多天，经过近百位专家和施工人员的精心修复，曾经名噪一时的栖真观终于再现辉煌。

如今访名观、赏古树已成为当地重要的旅游项目。

唐山寺古银杏

● 唐山寺古银杏树

唐山寺位于沂源县东里镇唐山景区。景区因有一株千年母子银杏树而闻名遐迩。该树为雌株，树龄 1000 余年，树高 22.5 米，胸径 1.75 米，冠幅 22.5 米 × 21.2 米，枝下高 2 米。该树生长旺盛，树冠较匀称，主干挺直，有三处主分枝被锯。有复干 4 株，最大复干胸径 0.52 米，高 15 米，树干基部生有小银杏树一株，高 15 米，胸径约 50 厘米，形似慈母携子，故又名“母子银杏树”，是唐山寺镇山之宝。

相传，在春秋时期，莒国与鲁国在两国交界处的闵仲山（今院峪村松山）会

● 古银杏树主干

母子银杏树

盟修好，鲁隐公为纪念“莒鲁会盟”这一重要事件，在此处种植银杏树以示千年修好。唐山有七十二山泉，相传是老子游历此山时拐杖触地而成，绵延 800 里的沂河绕唐山而过。东里镇在抗战时期曾为国民党山东省政府驻地，周围尚有东安古城遗址、松山西寺、闵公草堂、莒鲁会盟处、李逵打虎处等历史文化遗迹，以及泉村农家乐等民俗旅游景点等。

景区主峰——唐山，海拔 516 米，面积 2 平方公里。相传姜子牙封神时此地称黄山，唐高祖李渊时期在此修建皇家寺

古银杏树全貌

院，此山改称唐山。又因该山共有 9 个山峰环列，如众星拱月，莲花盛开，俗称九顶莲花山。景区春赏花，夏消暑，秋摘果，冬踏雪，一年四季风光迷人。

景区内有唐山寺、隋唐摩崖造像、中华龙纹图腾、龙王庙、千年母子银杏树、至元古碑等众多景观，“山、寺、泉、河、村”有机结合，是文化旅游、休闲度假的胜地。

千年古树，陪伴着这里的“山、寺、泉、河、村”，在祖祖辈辈的呵护下，继续书写着金色的千年传奇。

• 唐山寺

05 >>>

枣　庄

1 青檀寺古银杏

2 坊上村古银杏

3 东任庄村古银杏

4 张塘村古银杏

5 郭庄村古银杏

6 付刘耀村古银杏

7 甘泉寺古银杏

8 抱犊崮古银杏

青檀寺古银杏

• 青檀寺古银杏树

枣庄市峄城区青檀寺内有一株千年“夫妻银杏树”，是景区的一个重要旅游景点。

所谓夫妻银杏树是指此树雌雄合株，雌前雄后，为世界一绝。树龄 1000 余

• 古银杏树树干及树碑

年，树高 22 米，胸径 2.20 米，冠幅 25 米 ×27 米，枝下高 6 米。主干粗壮，北侧下部表皮脱落。6 米处开始分枝，有一紫藤缠绕其上。东侧距地面 8 米处有一垂乳，基径 10 厘米，长 10 厘米 。该树根系发达，生长旺盛，树冠庞大，形状不规则；结果稀少，果实较大。树周围用大理石砌围挡保护。

这棵树很巧妙地描写了人生三部曲：下半部分，紧紧生长在一起好像是年轻时候夫妻恩爱、亲密无间、幸福美满；中间部分有个缝隙就是到了中年，上有老下有小，烦琐的生活使夫妻感情不免会产生隔阂；上部枝互相渗透，人到老年感到还是自己的老伴好。栽树人的初衷想必是祈祷弟子们早日修成正果，游人为祈求平安幸福，在树周围挂满了数不清的“吉祥锁”。

树东侧 6 米处有一口“跑堂井”，井中泉水潺潺而流，北侧有四块不同年代的石碑，记载着青檀寺的风风雨雨。

青檀寺位于枣庄市峄城西 3.5 公里，楚、汉两山的窄谷中，始建于唐代，是枣庄冠世榴园生态文化旅游区的一个景点，因寺内遍布青檀树，且古青檀树数

● 青檀寺

量惊人而闻名。清末或民国初年，寺毁于兵火。现青檀寺为 1985 年重建。寺院占地面积 1050 平方米，建筑面积 330 平方米。主体建筑为大雄宝殿五间，飞檐斗拱，殿内供奉三世佛。殿前院内有千年夫妻银杏树，西有三间配房，东有长亭，大殿后有岳飞养眼楼，相传宋代民族英雄岳飞因患眼疾曾在此养病，宋时建楼纪念，毁于“文化大革命”时期。1985 年重建，建筑面积为 112 平方米，楼内塑有岳飞坐像。现为鲁南地区规模较大的一座佛教寺院。

银杏树下有一座石碑，上书闵荫南先生的《题峄城青檀寺内银杏树》：“寺内双银杏，传为小衲植。初时羞怯怯，今日爱痴痴。永作合欢侣，岂为负义儿。人间能比否，直是感人诗。”

这棵夫妻银杏树成为青檀寺中一道别样的风景。

• 青檀寺古银杏

大雄寶殿
晨鐘暮鼓驚醒世間名利

坊上村古银杏

坊上村古银杏树

古银杏树全貌

坊上村位于枣庄市峄城区古邵镇，该村环境幽美，天蓝水清，物产丰富。古银杏树坐落于坊上村以南，为垂乳银杏，雌株，树龄1000余年，树高17米，胸径1.39米，冠幅23米×26.2米，枝下高6米。生长旺盛，树冠呈塔形，主干挺直、粗壮，巍峨高耸，遒劲挺拔，基部树皮脱落严重，6米处开始分枝，分枝多，较均匀，树梢部分干枯，有少量垂乳，位于主干分枝处，枝叶旺盛，结果稀少。周围土质较好，已砌池保护。

古树东北约3米处有一口水井，正东有石碑一块，据石碑记载，此树植于唐代。

● 石碑

传说，该银杏始为甘氏夫妇手植，雌雄两株，以祈多子多孙，共福寿。不幸恰逢战乱，夫殁于峄县西青檀山，妻祭奠夫君遂将雄株移于青檀山，返后于雌株北三步处坠井而终。后淘井时见金簪，为甘氏遗物。此树东南有一亭，亭内有碑记载此银杏为“烈士”，它历经数次战争，树干上弹孔清晰可见。

● 树干上的弹孔

20 世纪初，此树生有五瘤，传能治顽疾。某日旭日东升，树影映入湖中，有识者寻踪而来，窃走五瘤，遂发迹。民间又传，人若有难，树皆托梦告以避之，可以知未来，卜兴衰。1989 年，原坊上乡以银杏树为中心修建了银杏公园。

一千多年过去了，这棵千年古树依然巍峨高耸，遒劲挺拔，成为忠贞不渝爱情故事的标志。

东任庄村古银杏

● 东任庄村古银杏树

枣庄市峄城区峨山镇东任庄村的银杏为垂乳银杏，雌株，树龄1000余年，树高16.5米，胸径1.11米，冠幅17.3米×24米，枝下高4米。该树生长旺盛，树冠卵圆形，树形优美；主干挺直、粗壮，4米处有分枝，分枝较小；树上有多个垂乳，最大一个长10厘米，被人用于治病挖去，留有挖痕；枝叶正常，旺盛，结果量一般。土质较好，有专人管护。树北约5米处有一口水井，传说人喝井中水能治疗腹泻。

● 古银杏树分枝及垂乳

村里的人每当从远方归来，目光总是不自觉地寻找标志村子的老树，在新旧不一的错落的瓦片之上，那片郁郁葱葱的所在就是家的所在。它比家的历史更久远，更悠长。村里的人走了一茬又一茬，只有古树依然与村庄相依相伴，不离不弃。巷陌里，走出院门的老人荷锄背篓，走到古树下休憩片刻，打量一番，恬淡的面容与古树一样沧桑、安然。当越来越多的年轻人离开家乡奔向城市的繁华，只有古树陪伴着村庄一天天一年年，不急不躁，迎来太阳，送走月亮，将村中空空落落的寂寞氤氲成一幅永恒的水墨画，等候游子们衣锦还乡。

● 古银杏树全貌

张塘村古银杏

张塘村古银杏树

张塘村千年银杏树位于运河古城台儿庄西南张山子镇南端，是枣庄地区的“银杏王”。

远远望去古银杏树犹如一座绿色的山峰郁郁葱葱，树干挺拔高大，似巨龙飞舞盘旋，缀满绿叶的树枝向四面八方伸展开，亭亭若张翠伞，重重若拂云霞。走近时，可看到树干粗壮，主次枝错落有致，主干衍生的六大次枝，或斜或立，自成一树，所成树冠比独立枝干更大，总遮地面积达 700 多平方米。细看，可发现古树上挂满了村民们祈求神灵保佑的红色布条，在树干基部，能看到后长出的两棵直径达 30 厘米、树龄 100 余年的幼树，俗称“怀中抱子”。树生二瘤，其大如

古银杏树全貌

● 古银杏树枝干

斗。据林业主管部门测定，古树高 21.55 米，树围 8.35 米。在古树东南侧树干上，距地面 5 米的树杈处生长出 3 株构树，紧贴树干，与银杏树共生相拥。该银杏树在枣庄地区论年代和树体堪称“银杏王”。

据古树专家考证，此树的栽植时间应在秦汉以前，树龄 2500 余年。关于此树栽植的传说甚多。传说战国时期，古下邳国王，派张姓人家到此屯兵，安居后所植；也有人说，此处原有一坷拉寺，此树为寺内僧人所植；还有人说，此树是江南逃荒至本地落户的白姓姑娘化身，因白姑娘漂亮非凡，当地县官要强纳为妾，白姑娘坚决不从被迫害致死，后在她坟上长出了这棵银杏树，化为神灵保护村民。千百年来，方圆百里的乡民对其冠以神的化身，有了病灾，纷纷前来挂红焚香，顶礼膜拜，据说能祛病消灾，益寿延年，且十分灵验。因此，人们对其呵护有加，无敢折枝动叶者。

沧海桑田，张塘银杏树经历了数个朝代，成为见证历史的活化石。特别是抗日战争时期，运河支队利用其树洞作为隐藏文件、传递情报的中转地点，为运南抗日战争的胜利作出了贡献。同样，古树自身也历经了一次次劫难，留下了累累伤痕。百年以前，该树遭到雷击，树身受到损伤，致使南向一大侧枝自主干处开裂，但古树仍以顽强的生命力生存下来。1944 年，树干空心处有马蜂窝，有一

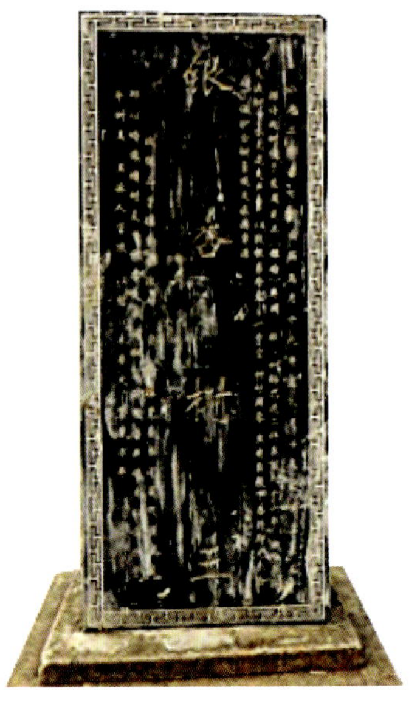

● 古银杏树树牌及树碑

国民党士兵玩心大起，点火烧蜂，致使大树自空心处起火，后经村民奋力扑救，才使古树没有毁于这起人为的火灾。

为保护古树健康生长，开发当地旅游资源，张山子镇政府及区林业主管部门先后投资对古树采取加固支架、根部覆土等保护管理措施，并在古树旁边立一块古树保护碑，篆刻古树简介，使游客对这株古老的银杏树有更深入的了解。2015年年底当地政府部门邀请山东农业大学古树修复专业团队对古树进行了专业修复保护，包括附生构树和枯干残枝的疏除，对树洞进行火焰消毒，利用桐油和石硫合剂对树洞、枝干进行防腐处理，采用阻燃型聚氨酯发泡剂填充树洞，利用仿真硅胶树皮对填充后的树洞进行表面避雨覆盖。新建铁艺防护栏50余米，架设大型支架4个，支撑古树下垂的主枝，并在树体加装了避雷设施。

多年来，古树一直受到附近群众的敬仰。附近群众生活上有了困难，试着到树下烧香祈福，企盼转危为安，每逢初一、十五，方圆数十里的群众前来烧香、上供。

如今，古树虽历经千年仍生机盎然，枝繁叶茂，硕果盈枝，庇护着前来祈福的百姓。这株千年古银杏树已成为山区旅游的一大看点，每年都会吸引苏北

● 小学生在张塘村古银杏树下进行红色教育

鲁南地区大量游人前来参观。正如《张塘银杏赋》所言：“张塘银杏，乃镇园之宝也。四季更替，风采纷呈；春夏秋冬，气象万千。当阳春也，绿绒披挂长条，沐春风而叶长；叶蕾绽放短茎，饮朝露而枝撑。青蕊翠苞，吸蜂蜜穿梭戏耍；柔枝嫩叶，引黄鹂放喉歌唱。逢盛夏也，绿扇缀满枝间，遮艳阳以献阴凉；翠枝盘旋蓝天，生惠风以送清爽。披雨沥水，濯纤尘方显碧绿；吞污纳浊，吐鲜氧更觉清新。临深秋也，硕果累累坠枝，经秋风弥空飘香；黄伞随风蹁跹，披霜露愈加妩媚。天高云淡，清香引来南飞雁；遍地金黄，美景招来架炮人。际隆冬也，霜叶飘落大地，化作春泥肥沃土；虬枝直插穹空，迎风斗雪现苍劲。朔风凛冽，傲雪才显铁骨铮铮；玉树琼枝，凌寒更显高风亮节。”此可谓对古银杏之风姿描绘得淋漓尽致。

郭庄村古银杏

• 郭庄村古银杏树

郭庄村千年古银杏位于枣庄市台儿庄区泥沟镇郭庄村原小学院内，为唐银杏，雌株，树龄约1300年，树高19.2米，胸径1.72米，冠幅19米×26米，枝下高4米。该树生长旺盛，树冠塔形，根系较发达，地表有7条裸根，弯弯曲曲，盘根错节，个个昂首望树，最长一条约10米。主干正南从根基部表皮脱落，宽1米，中空。古树有旧台子保护。

据说，此树栽于隋末唐初年间“吴寺庙”内，因住持与皇帝是表兄弟，香火十分旺盛，此处有“三庵五寺”之说。后寺庙损毁，具体情况不详，只有古树留存下来，历经岁月变迁，仍独处一隅，默默守护一方百姓。

• 古银杏树根部

• 古银杏树树牌

古银杏树全貌

付刘耀村古银杏

付刘耀村古银杏树

付刘耀村文化大院

位于枣庄市市中区西王庄乡付刘耀村西的付家祠堂内有一对古银杏伉俪，为垂乳银杏，树龄1000余年。雌树高27米，胸径1.40米，冠幅13米×30米，枝下高3.5米。主干挺直、粗壮，3.5米处分两小枝。有两个垂乳，其一直径20厘米，高20厘米；其二直径10厘米，高8厘米。根系发达，从地表可看出，伸

古银杏树介绍牌

古银杏树树牌

古银杏树主干

长出主干 8 米左右，树根周围生出许多小枝。雄树与雌树树势相当，略微矮小。两树均生长旺盛，树冠阔塔形，树形优美，枝叶旺盛，结果量大。因两树相距很近，相携共长，当地人称“夫妻树”。

据传，付家为纪念其祖先付说而种下此银杏树。付说是商代著名的思想家、军事家、政治家，武丁时期的殷商宰相，被尊为“梦父”，后被尊为“天神”。另有一说为唐银杏，两棵古银杏为唐朝贞观年间一老僧栽植，算来也近 1400 年。据说此僧曾官居县令，为人耿介，做官清廉，因不满上司索贿，就以病重为由辞官修养。回乡路经付刘耀村，顺便拜祭“竹林七贤”之一的刘伶。但见此地清流前绕，潺湲西去（据《峄县志》载，此为倒淌河），河两岸竹林掩映，绿柳如烟。村前有一石桥（此即为村民所说的一碑两孔桥），小桥与田野相连，劳作村民荷锄往返，身临其境，如在画中。老先生慕刘伶选择，遂择桥北一片空地，建一简易寺庙，从此剃发为僧，精心修行。一日闲暇无事，将两株银杏栽在院中，经老僧精心呵护，小树逐渐长大、开花结果，老僧遂以银杏果泡饮，自觉神清气爽，多年的疾病也彻底根除。他以为这是佛光普照，从此对这两棵银杏更加精心照料。

老僧活到一百多岁，圆寂之时，正是秋叶凋落，两棵高大的银杏树低垂枝头，清泪滴洒。自那以后，人们视这两棵银杏为神树，为它浇水、培土，每遇灾祸人们便前来膜拜，祈求树神降福消灾。于是，村民不允许任何人亵渎、损害神树，每见不谙世事的孩童攀折树枝或刻画树皮，大人便赶紧制止。据说，“文化大革命”时期，这两棵古银杏被列为“破四旧”对象，有几个“造反派”带着斧头、锯前来砍伐，村民自发来到树下制止，一个“造反派”怒不可遏，挥斧砍去，立时胳膊闪断，痛得嗷嗷直叫，其他“造反派”见状，赶忙架着他逃离愤怒的人群。后来，再无人敢对“神树”有不规之举。甚至直至今日，当地人收获银杏，也只能在树下捡拾，因为出再多的钱也无人敢攀树采摘。

古银杏留给人们太多的故事、太多的关爱，特别是在夏日里，阴凉的树下简直是人间天堂。从田野中走来，被炎炎烈日晒得黝黑的村民，在河里洗上两把，急急地赶到古银杏树下，习习的凉意尽情地吹拂到他们身上，疲惫的身心、难耐的酷暑一扫而光。夜里，劳累一天的村民不堪屋内蒸人的高温，或带上板凳到树下小憩，或携来苫席单被而眠，偌大的树下到处是人，大家或闲聊或调笑，自由自在，怡然自得。

20 世纪 90 年代有个“聪明”的南方人承包了这棵银杏树，他使用了“拔苗助长”的挂果剂，当年果子结得像葡萄一样，收了数千斤，使古银杏“元气大伤”。

村民一看，这样非把古树折腾坏不可，于是就终止了承包，并对其细心呵护下，古树的元气得以恢复，现在正常年份每年都能产出数百斤银杏果。

两棵古银杏现已被列为国家一级古树加以保护，西王庄乡政府也以古树为背景，开发建设付氏文化休闲公园。为了保护这两棵千年古银杏，付姓村民在当地政府支持配合下，投资数十万元，辟建了千年古银杏园，以银杏为主题树种，除保留原有农宅周边的椿树、楝树等品种的数十棵树，还因地制宜地配植了具有野趣特点的地被植物，并且新建了傅相祠堂和碑林。游人可以从不同角度、不同距离观赏到千年古银杏的雄姿。该公园的建设不仅为千年古银杏创设了一个天然的生态保护区，更为创建具有当地特色的休闲旅游区增添了神采。

一千多年过去了，神奇的千年银杏伉俪树相偎相依，共担风雨、共沐日月；如今依旧枝繁叶茂、果实累累的古银杏树正以崭新的姿态接纳八方游客，为当地村民造就无穷的福祉。

碑林

甘泉寺古银杏

● 甘泉寺古银杏树树冠

枣庄凤凰村甘泉寺坐落在名山秀水的枣庄北郊风景区腹地，古称伽蓝神庙，又称龙窝寺，为鲁南名寺之一。寺内甘泉池西南边生长着一株千年古银杏，该树树高 28 米，胸径 1.7 米，冠幅 25 米 ×21.5 米，枝下高 5 米，雌性，树龄 1000 余年，树整体倒向东南方向，虽有大量断枝，但整体生长较好。主干倾斜有纵道，5 米处开始逐渐分枝，部分枝条干枯，结果极少。该树生存环境良好，有钢筋护栏围墙保护。

● 古银杏树枝干

此树不远处有一眼泉，曰甘泉，泉水清澈见底，常年喷涌不断。相传曾有一名士考中状元，唐朝皇帝见其一表人才，遂将皇姑许配于他。状元为逃婚来到这里，依山靠泉，建起寺庙，出家做了和尚。皇姑追夫心切至此，见郎君已出家，无奈便在寺庙前建了座尼姑庵，并在庵内种下此树，以表对丈夫的深情。古银杏树下，有一块立于明朝万历十五年（1587 年）的石碑，题为《重修龙窝寺碑记》，该碑高约 4 米，为一巨石雕刻制而成，碑文为明朝光禄寺卿贾梦龙所撰，其弟贾梦鲤所书。碑背面记载着甘泉寺过去的辉煌，拥有良田千顷，寺内僧人逾百，重修时捐资捐助者有数千人之众。

以上关于建寺的传说无史料记载，具体始建年代已不可考。明朝万历年间曾进行较大规模重修的石碑较为确切，但至近代仅存遗址。1992 年重建，正名甘泉寺，因甘泉而起今名，占地 10.7 亩。寺内建有大雄宝殿、天王殿、藏经楼、窑神殿、东西配殿，两侧为连接长廊，院内有放生池、甘泉、千余岁银杏树及各种古树，重修寺院的石碑。大雄宝殿塑金身佛像三尊，配以十八罗汉，其神态各异，栩栩如生。放生池内塑有骑龙观音，甘泉水流注池内。

千年过去了，银杏树伴着青灯古刹，虬枝旁逸，成为寺中一景。善男信女或到这里烧香拜佛，或来此处观瞻佛祖威仪，总不免来到树前与之对望。深秋时节，拜谒的人们徜徉在湛蓝的天空下，穿梭于红砖青黛、苍翠竹子、金黄银杏之间，犹如置身于诗情画意之中。

甘泉寺内大雄宝殿

甘泉寺

古银杏树

古银杏树树牌

• 抱犊崮古银杏树

抱犊崮古银杏

• 古银杏树怀中抱子

枣庄市山亭区抱犊崮属沂蒙山区，是一座集自然景观、人文景观为一体的名山。在抱犊崮西南麓的三清观主殿前，生长着一棵千年古银杏树。

该树树围有三人抱粗、躯干苍劲、虬枝旁逸，犹如撑天巨伞，遮阴数亩，其根部又伸出一粗壮茂盛的枝干，与主干相依相偎、枝叶重映，被称作“怀中抱子”。此树树龄在1600年以上，树围4.6米，树高24米。树身历尽沧桑，又屡遭雷击，已是伤痕累累，其中裂口较大处已用水泥“弥合”。此树为雄树，只开花不结果。身居三清观内的这棵“神树”，像一位饱经沧桑的老人，向世人倾诉着岁月的沧桑和道教文化的

• 古银杏树树干

• 三清殿

• 古银杏树鸟瞰图

源远流长。

三清观自唐代始建以来，是鲁南地区的道教活动中心，供奉着道教最高的神——三清。主殿三清殿，从左向右依次供奉太清道德天尊、玉清原始天尊、上清灵宝天尊。配殿里供奉观音菩萨、碧霞天尊。在这里佛、道两家同奉观音，和谐共生。

• 古银杏树全貌

抱犊崮从古至今，已数易其名。汉代曰“楼山”，魏晋曰“仙台山”，唐宋时曾叫“抱犊山”，明清时期称“君山”，近代《峄县志》载，昔有王老抱犊耕其上，后仙去，故尔得名“抱犊崮”。传说古时山下住着一个姓王的老汉，因无法忍受官吏的苛捐杂税，决心到又高又陡的楼山度过残生，可老汉家的耕牛无法上去，他只好抱着一只牛犊上崮顶，搭舍开荒，艰苦度日。谁料老汉平日饥食松子茯苓，渴饮山泉甘露，久而久之，渐渐觉得神清目朗、风骨脱俗，后经一位仙人点化，居然飞升而去，抱犊崮因此而得名。清代诗人雷晓专门为此作诗一首：“遥传山上有良田，锄云耕雨日月偏。安得长梯怀抱犊，催租无吏到天边。”

抱犊崮山势突兀、巍峨壮丽、泉流瀑泻、柏苍松郁。山脚下还有古庙两座，分别为清华寺和巢云观；半山处有洞数十个，名曰桃源洞、水帘洞等；崮顶沃土良田数十亩，松柏茂盛，苍翠欲滴，奇花异草，满崮烂漫。伫崮东眺，黄海茫茫、云雾缭绕。其主峰位于兰陵县下村乡与枣庄市山亭区北庄镇交界处，海拔584米，为鲁南第一高峰，居沂蒙七十二崮之首，被誉为“天下第一崮”。

抱犊崮绿树如茵，气候宜人。森林总面积130平方公里，覆盖率65%，负氧离子比重大，空气质量优，湿度大，是不可多得的天然氧吧，现已被列为“国家地质公园”“国家森林公园”。千百年来，这棵银杏树根浸着雨露甘泉，叶汲取大自然的精华，伴着青砖黛瓦，生长环境可谓得天独厚。每到秋季，满树金黄，风吹过后万千树叶翩然飞舞，簌簌而下，铺满地面，场面华丽惊艳，美不胜收。

06 >>>

烟 台

① 岭垆寺古银杏

岣岵寺古银杏

岣岵寺古银杏树

烟台市福山区岣岵山麓有一座历史悠久的古寺——岣岵寺。古寺始建于唐朝开元年间，距今已有千余年的历史。据《福山志》记载，古寺颇具规模，是胶东历史上有记载的法脉传承最悠久的一座古刹，其自然风光“岣岵烟云”被誉为“烟台八景”之一。

古寺内有一棵千年银杏树，至今仍枝繁叶茂、苍翠巍峨，被誉为“福山树王”。据岣岵寺明万历重修碑文记载，这棵银杏为唐朝天宝年间建寺时所植，距今已 1200 余年。该树树高 26.2 米，枝下高 5.3 米，胸径 1.5 米，平均冠幅 22.45 米，东西 21.2 米，南北 23.7 米。

古银杏树远景

古银杏树全貌

● 古银杏树枝干

通常树木在经年累月的生长中，树冠都会偏向阳光充足的东南方向，而这株古树却有一神奇之处，树冠明显偏向位于岭垆寺西北方向的大雄宝殿。因此，这株古树被誉为岭垆寺的“护法神”。周边百姓更以“树神”祭之。虽然年岁颇久，但这棵古银杏树仍生机勃勃，结果量大。前来岭垆寺观光祈福的游人，都要亲睹一番古树的神韵，与古树合影，将写着愿望的红丝带系在古树周围，祈望这棵千年古树能给自己带来好运。

寺院旧址北侧有山泉，称为岭泉。水从石窦迸出，有数十条泉水汇集于此。雨水充足的季节，水碰触石头的声音数里外都可听到。泉水顺着山路流下，在山底汇集成潭，俗称"饮马潭"。无论春夏秋冬、寒来暑往，岭泉泉水终年绵绵不绝，堪称“灵泉”。

相传，寺院修建之时，周围无水可取，要到南面很远的一个水潭挑水。一天，主持修建寺院的明朗大师率弟子挑水归来，途中遇见一位精神矍铄的老人，老人问道：“你们挑水做什么？”明朗回答说：“修建寺院。”老人大笑，说：“大兴土木，需要很多水，仅靠挑水，谈何容易？”明朗笑着回答说：“九层之台，起于累土。千里之行，始于足下。”老人提出想要喝水，并且一下子将僧人挑的水全部喝光。明朗看了看，不但没有生气，反问老人水够不够。老人笑着从怀中掏出一个小匣交给明朗说：“你在寺前选一块空地，将匣子放在中央，然后打开。”说完，老人便消失了。明朗打开小匣，从匣中飞出一只巨蛤，腾空而去，地上随即出现一个巨大的水潭。有了水，岭垆寺很快就修建起来了。

重建后的岭垆寺由僧人自主管理，向群众免费开放。岭垆寺以其盛大的规模、恢宏的气势、清静庄严的道场、烟云奇幻的美景，让每一位步入寺院的游客

峆岥寺

虔诚许愿的小姑娘

都沉浸在古寺的神圣、悠远与宁静之中。

千年银杏，沧桑守望，虽经千年雪雨风霜，至今仍枝繁叶茂、生机勃勃，静静地见证着峆岥寺的兴衰、损毁和重修，见证着胶东佛教文化的延绵、发展。

07 >>>

潍　坊

1. 公冶长书院“夫妻银杏树”
2. 南蒋村古银杏
3. 抬头村古银杏
4. 小河崖村古银杏
5. 寿塔村古银杏
6. 青云村古银杏

公冶长书院"夫妻银杏树"

潍坊安丘市城顶山公冶长书院景区内，有两株千年古银杏，东雄西雌。雄树高大粗壮、枝繁叶茂，胸围 5.05 米，冠幅 26 米 ×18.8 米，树高 32 米，主干向东北方向倾斜；雌树郁郁葱葱、青翠欲滴，胸围 6.16 米，冠幅 23.3 米 ×19.6 米，树高 32 米。两树生长旺盛，树冠阔塔形，树形优美，主干挺直、粗壮，古劲沧桑，均为国家一级保护古树名木、国家一级珍贵树种，被世人尊称为"夫妻树""同心树""幸福树"。

"夫妻银杏树"鸟瞰图

古树坐落在青山环抱之中，掩映于绿荫葱茏之间，与青云寺为邻。两棵树之间挂满了经幡与红丝带，有"大树底下好乘凉、银杏树下结同心"之说，每年都会吸引大量的游

古银杏
1999年被国务院列为国家一
级重点保护野生植物。
The ancient ginkgo
whose roots and
are cross each other
male located in the
and the other one
female located in the
However, the male
can be in blo-ssom
the female one can
the fruit just like
couple. Two plants
were planted by
and Kung-ye Chang
years ago
legend, nowadays
rare first-grade
ective wood

• “夫妻银杏树”全貌

•“夫妻银杏树”之间的红丝带

•公冶长书院

客、情侣前来合影、许愿。同心树以其特有的光合作用营造了一个洁净、清幽的小环境。

相传，在2500年前，孔子率领诸位弟子周游列国，每发现有顶级风水宝地，就将一名弟子留下来发展。在安丘就有城顶山公冶长读书处和有子山有子读书处。据说，当年孔子一行来到此处，见此风景秀丽，气候宜人，遂将爱徒公冶长留下，多方筹资建立学堂，名曰“公冶长书院”。公冶长不负师望，潜心研学读书，积极与民间交往，尽己所能发展公益事业，在城顶山一带留下很多动人佳话和美丽传说。孔子看到弟子成长很快，蕴藏发展和培养潜力，经过较长时间观察和试探，最后决定将女儿孔娆许配给公冶长。

有一年春天，孔子来到安丘城顶山看望公冶长夫妇，随身携带一对稀有的银杏树苗送给贤婿爱女，旨在期盼夫妻二人白头偕老，子孙满堂。所以，从那时起，人们秉承孔子先生的美好心愿，称银杏树为“子孙树”。孔子帮助公冶长夫妇选中植树地点后，众学子一起挖好树坑，公冶长夫妇依照人间“男左女右”的传统习俗，按左雄右雌顺序栽植下了银杏树，并举行了简单的植树礼仪。这对树精灵在夫妇二人的精心呵护下，渐渐长大，日久天长，岁月更迭，经过2500多年的风风雨雨，如今已长成参天大树。

目前，古树由景区寺院管理，外围设有栏杆，防止人为破坏和践踏。因年代久远，树体衰老，枝条容易下垂，为加强对银杏古树的保护，防止折断的树枝砸伤游客，景区管理人员对古树进行了支架支撑。站在树下，每有山风吹来，枝叶摇动，丝带飘扬，煞是好看，让人未进书院便感觉到一种厚重的人文气息扑面而来。

2500年来，夫妻树同承雨露、共沐霜雪，给书院增添了一份庄重和神秘感。

诚如记载：“环房皆山，裂石出泉，树稳风不鸣，泉安流不响。”就像公冶先生潜心治学一样，从容低调、宠辱不惊，传授给当地人从容不迫的生活态度，每一位走进这个书院的人，都会不由自主地慢下脚步，生怕破坏这份宁静、安闲。

• 公冶长书院牌坊

• “夫妻银杏树”树冠

南蒋村古银杏

南蒋村古银杏树

南蒋村位于临朐县城西南嵩山北侧脚下，古银杏位于南蒋村东头，雌株，树龄约1300年，树高32米，胸径1.71米，冠幅20.5米×18.5米，枝下高6米。树冠塔形，主干挺直、粗壮，南侧5米以下树皮脱落。有分枝6个，分枝高度较高。该树结果很少，部分分枝顶部干枯，这是因近年来村貌建设，树的周围地面硬化造成的。

在村民的记忆里，银杏树很老了。粗粗的枝干上，印满了岁月的辙痕，它像一位历尽沧桑的哲人，卓尔不群，给人以饱经沧桑、巍峨挺拔之态。

银杏树一旁是一眼泉井，井深2米，清澈见底，甘泉滋润树根，树根通泉。2014年，南蒋村专门为银杏树和泉井修了凉亭、石碑。

古银杏树树牌

嵩山是潍坊有名的自然景区，景区面积6000余亩，共有山峰9座，主峰九龙顶海拔760米，自古即有“嵩高遗峰”之称，史载“山势高大，北面三峰排闼而立，状如屏，中峰高矗，耸然独尊。”群峰覆压临朐、沂源、淄川三县（区）之域，山峦峻拔崔嵬，壑深谷幽，清泉碧流，秀

● 重护树井记

● 古银杏、凉亭、石碑全貌

幽险奇，四季景色，美不胜收。1952 年上映的电影《南征北战》的主场景凤凰山即在此拍成。

关于嵩山和南蒋当地还流传着一个传说：相传秦始皇东游时，来到齐国领地，听说齐国的南部边疆有座大山名叫嵩山，重岩叠嶂，遮天蔽日，高不可攀，秦始皇大喜，说：“朕要亲临此山祭封”。有个官员上奏，说：“大王欲登此山，梯子崖是必经之道。当地人有言：梯子崖，万丈高，下面就是滚龙桥。大王如若前去，恐怕不吉利。”秦始皇听后，犹豫了一会儿，对那官员说：“那好，你带着我的赶山神鞭去，把它赶到东海。”那官员奉命持鞭，赶至齐地南疆，用力挥鞭三下，鞭打嵩山，而嵩山岿然不动，鞭落处石缝裂开，有清泉流出。那官员见此情景，惊异地对随从说：“泉，是石头的眼泪！这座山不愿走，就让它永远待在这里吧。”于是，他命随从在清泉流出的地方，栽上了一棵长寿的银杏树做记号，然后扬长而去。官员面见秦始皇复命，把事情经过如实禀报，秦始皇感叹道：“嵩山，虽鞭策而不改其志，说明它有禀性，等东巡回来后，朕再去立碑册封。”然而事情并不遂人愿，秦始皇在东巡期间染病，最后驾崩于返回途中，回嵩山册封的心愿最终没有实现，只为后人留下了一棵千年古树。

因为这个传说，嵩山脚下的这个村子取名为“南疆”。后有蒋姓人在此居住，遂改名为“南蒋”。

现在，银杏树依然年年繁茂，泉水汩汩流淌。“万里长城今犹在，不见当年秦始皇”。时光吹散了岁月的思绪，留下了这个古老的传说，在人们的梦里，在人们的心里，永远相伴的是那古银杏树绿色的涟漪，如歌，如诗。

抬头村古银杏

● 抬头村古银杏树

临朐县九山镇抬头村位于临朐、沂源、沂水三县交界，山水秀美，风光旖旎，交通便利，人杰地灵。

千年古银杏位于九山镇抬头村便民服务中心院内，雄株，树龄 1000 余年，树高 20 米，胸径 1.36 米，冠幅 18.5 米 ×15 米，枝下高 3.4 米。生长较旺盛，树冠阔塔形，主干挺直、粗壮，有分枝 6 个，其中一分枝折断，东侧一分枝较粗壮。距此树 200 米的河岸边也生长着一株银杏，雌株，树高近 20 米，树龄 600 余年，溪流环绕，亭亭玉立，傲岸不群，秋果累累，树叶金黄。两树相映成景，被誉为深山“银杏王”。

据说村内有粮贸人殷发祥尤为重视银杏，特出资保护古树。十年树木，百年树人，古树虽历经沧桑变化，仍苍翠遒劲，枝繁叶茂，护佑一方水土。关于这两株古树，还有一段凄楚动人的故事。

相传很久以前，在距离抬头村千里之外的一座深山里，生活着两户人家，常年靠打猎为生，两家你来我往，亲密无间。周姓人家，生有一男，取名银生，浓眉大眼，一表人才，父母视若掌上明珠；王姓人家，生有一女，取名杏儿，身材窈窕，杏眼桃腮，父母更是疼爱有加。银生、杏儿青梅竹马，两小无猜，日久生情，两人常常在月明星稀之夜，相依相偎，诉说衷肠。双方父母见他俩情投意合，决定择良辰吉日为他们完婚。可天有不测风云，银生、杏儿成亲的事被邻村一位孔姓财主知道了，他对杏儿天仙般的美貌早已垂涎三尺，一心要娶杏儿做八房姨太。这天，他带着十几个家丁，抬着一乘花轿，来到王家，连拖带拽，把

● 古银杏树枝干

● 古银杏树

杏儿塞进花轿，抬上便走。杏儿拼命呼喊挣扎，但无济于事。孔财主把杏儿抬回家后，就急着拜堂成亲，杏儿也是刚烈女子，死活不从，趁人不备，一头撞向香案。孔财主见硬来不行，便命人将杏儿关进柴房，再做打算。

银生听说后，带上柴刀，冲到了孔财主家，趁人不备，背起杏儿，趁着月黑风高逃出了孔府，翻山越岭走了九九八十一天。这一日，他俩来到了一处僻

● 古银杏树树冠

● 古银杏树全貌

静美妙的地方，但见这里，土地平旷，房舍俨然，有良田美池桑竹之属，阡陌交通，鸡犬相闻。经打听才知，这里叫抬头村。正当银生和杏儿打算在此度过一生之时，孔财主带着一队人马追到，意欲将杏儿五花大绑带回府上，忽然，天昏地暗，飞沙走石，狂风卷起孔财主及家丁摔在悬崖上，顷刻毙命。转眼晴空万里，温暖如初，而银生、杏儿却已变成了两棵参天大树，一棵盘根错节、枝粗杆壮；一棵纤细柔润、婀娜多姿。两树凝山水之灵气，聚天地之精华，日生夜长，硕果累累。

世事沧桑谁人说，千年银杏忆陈年。每年，方圆几十里的村民都在农历六月十五这天来到树下焚香、上供，祈祷千年古树保佑风调雨顺、平安顺遂。

小河崖村古银杏

● 小河崖村古银杏树

小河崖村位于高密市柏城镇，这里空气清新，风景秀丽，物产丰富，英才辈出。古银杏树位于小河崖村西部的一条胡同里。远远望去，一条条粗壮的枝干就像腾飞的巨龙直插云霄，姿态雄伟挺拔。据考证，该树栽植于唐朝末年，树龄1100多年，是迄今为止高密境内树龄最长、树径最粗的银杏树，被称为“银杏王”。

“银杏王”，雌株，树高20米，胸径2米，冠幅12米×12米，枝下高2.2米，生长旺盛，树冠倒塔形，顶部平坦。主干粗壮，基部略细，上部略粗，西北侧树皮脱落，木质部腐烂形成纵沟。基部根系裸露，形成高出地面30厘米的瘤状突起。主干上有七个分枝，三个主枝枯死，最大的两条位于南侧和西侧，基径分别为1.10米和0.95米，西侧主枝在4米处分为两枝，向西延伸的侧枝长达10米，部分分枝顶部有枯梢。主干完好，横空欲飞，有的干枝直刺云天，“势向紫云挨”，王气尽显。据说该树上原有大蛇，常捕食树上小鸟和周围农户鸡鸭，20世纪70年代遭雷击，蛇死，树也被殃及，主枝干枯。该树所处空间狭窄，周围房屋较多，树冠伸展受限，生长环境一般。丰年产果近100公斤。

据村里的老人讲，这棵树原来长在一个祠堂内，生长环境良好，树的四周是一片开阔地，不远处是个大湾，下雨的时候周围的水都往大湾淌。后因村庄规划，祠堂被毁，这里就变成了一条胡同。现在湾也没有了，房屋拥挤，已与从前大不相同。

这条胡同本就狭窄，不知何时起，紧靠古树的南侧盖起了一排房子，房子的

● 古银杏树远景

● 古银杏树近景

北墙紧贴在了树干上，甚至墙将树枝砌了进去，远远望去树枝如同一把利剑斜插进墙体里。树底下原本是条土路，非常利于树根吸收和涵养水分，但附近部分村民为了出行方便，把古树西侧的土路修成了水泥路，直接修到了树的根部，紧挨树根的北侧还铺上了坚硬的地面砖，这样路是好走了，但对古树吸收存储水分造成了很大影响。

除了人祸，无情的天灾也对古树带来了致命打击。据老人们回忆，在 20 世纪 70 年代之前，古树曾经先后两次遭到雷击，导致西侧和南侧的三根树枝全部枯死，树干东西两侧也被雷电剥掉了厚厚的树皮，留下道道沟壑纵横的伤痕。

在天灾人祸的摧残之下，如今这棵千年古树如同一位饱经沧桑的世纪老人，俯瞰着胶河水库碧波起伏，静默无语。清乾隆有诗云："古柯不计数人围，叶茂枝孙绿荫肥。世外沧桑阅如幻，开山大定记依稀。"此诗用于该树颇为贴切。

依古树目前的状况看，古树生命岌岌可危，建议相关部门应采取有效措施保护古树。

寿塔村古银杏

● 寿塔村古银杏树

潍坊市诸城市皇华镇寿塔社区，有一棵南北朝时期的古银杏树，距今有1700多年，是诸城市最古老的银杏树。树址处原有一寺，因年代久远，已无人知其寺名，习称“寿塔寺”，盖因寺中曾有一座古塔名曰“寿塔”，村名也由此而来。

这株千年古银杏树为雌株，树高24.6米，胸径2.73米，冠幅26.5米×25.5米，枝下高3.4米，生长旺盛，树冠阔塔形，树形优美，南侧部分根系露出地面，向外延伸2米。主干粗壮、挺直，有大的分枝3个，侧枝10余个，西侧分枝生长较弱。基部周围有萌蘖200余株，与母干的距离为0～0.8米，为自然生长形成。结果量很大，枝繁叶茂，生机勃勃，树冠指云摩天，浓荫蔽日，年代久远且不显苍老，是诸城市的古银杏树之最，堪称“银杏王”。

据考证，古银杏树树址处古代有寺庙，称“普照寺”，旧时寺中有古塔名“寿塔”，塔建于北魏时期，是古代诸城四塔之一。寿塔村地脉极好，四面环水，淇河由南而北至村前转西流，又由村西南转北再转东，至银杏树东北处接纳村东南来的小水，转向北流，最后蜿蜒流入三里庄水库。寺庙、古塔作为千年佛教古迹早已不存，唯余这棵一千多年的古银杏树矗立在寺庙旧址处，它吸收天地之精华，屹立淇河边，透着沧桑、凛然威壮的气质，见证着古老诸城历史之变迁、天地之变化。

古银杏树承载了久远的历史和传奇故事，虽历世事变迁，仍巍然屹立于此地，庇佑着一方百姓，成为当地村民心中神圣的象征，被当地百姓称为“白果娘娘树”。相传明朝太祖皇帝朱元璋曾避难于此，得寺内和尚帮助，在白果娘娘树冠上躲过一劫。朱元璋没齿难忘救命之恩，后关照该寺，增加供俸，同时封该银杏树为“神树”。从此，民间百姓开始祭拜、祈福。

该寺不仅有悠久的传奇历史故事，还有红色革命事迹。据记载，解放战争时期作为相对于解放较早的寿塔乡，为孟良崮战役和山东的解放作出了巨大的、不

古银杏树树冠

古银杏树主干

古银杏树根部萌蘖

可磨灭的贡献。当时，在寿塔乡成立了华东局指挥部、华东局医院、华东局印刷所、识字班妇救会等，陈毅元帅任华东局第二书记，在此指挥了著名的孟良崮战役。华东局印刷所就设在该寺的百子殿内、银杏树的东侧，所长为李震将军。据说敌机多次轰炸也没炸到该寺，就是缘于该银杏树的庇护。革命战争时期，当地老百姓为解放战争做出了巨大贡献，村中青壮年当兵支援前线；识字班妇救会的女人们为解放军做干粮、做军鞋、做衣服、运送药品、抬担架、救治伤员，伤势

古银杏树树干

重的在华东局医院内治疗，轻的在村民家中养伤，真正地体现了军民一家亲。新中国成立后，该寺成为教书育人的学校，培养了一批又一批人才，后因年久失修逐渐破败，最后仅留下该银杏树见证诉说着那段历史。

改革开放后，尽管人民生活水平不断提高，寿塔社区的村民以及周围县市的百姓依旧每年都来此银杏树下祭拜，以祈求身体健康、多子多福、风调雨顺，与千年古树默默对望、沟通，以此寻求心灵上的寄托与慰藉。

目前，这株千年古银杏树由外贸公司管理，并已列入古树名木保护，为防止村民及游客攀爬、损害，现古树周围已用围栏保护起来。

• 古银杏树全貌

青云村古银杏

● 青云村古银杏树

青云村位于诸城市林家村镇丹家店子社区。地处丘陵地带，属暖温带大陆性季风区半湿润气候，年平均气温 13.2℃，四季分明，光照充足。青云村原名青云寺村，村后有青云寺和一棵古老的白果树，后寺庙被毁，村子改名为青云村。

● 古银杏树远景

● 古银杏树

● 古银杏树主干

村内这株千年古银杏为雌株，树龄约 1500 年，树高 38 米，胸径 2.23 米，冠幅 12 米 ×18.5 米，枝下高 2.3 米。该树生长旺盛，树冠阔塔形，南侧树冠略大于北侧，周围根系裸露，最高露出地面 15 厘米，向外延伸 1.5 米，根盘很大，主干挺直、粗壮。

1987 年冬因火灾，主干中间烧空，其后在树洞东侧长出一株幼树，成为“母子同株”。现存 3 个分枝，西南侧分枝向外延伸达 10 米。有复干一株，贴母干生长，高 10 米，胸径 15 厘米。该树枝叶正常，有支架支撑树体。

据说历史上唐王李世民东征时路过此地，正值炎夏酷热，李世民曾与将士们一起解甲到北河洗澡，上岸后到银杏树下乘凉，看到寺庙破烂不堪，许愿重修寺院，即青云寺。当地民间至今仍流传着“唐王修庙不记白果”的故事，意思是重修寺庙时，就不知道庙前的白果树多少岁了。据明万年历《诸城县志》卷八记载：“三清庙，县东雩泉乡，古迹，唐王游此庙，重修数次。”当时曾留下重修寺庙的碑文，此碑 1950 年后被人搬到东菜园当了井台，后来井毁碑落，现还埋在地里。据说原青云寺建筑成片，寺庙正殿三间，长 12 米，宽 8 米，高 9 米，砖木结构，外观气势宏伟，庄严肃穆，僧人众多。1974 年“文化大革命”期间被毁。

旧时古树南侧枝挂有一口大铁钟，每逢初一、十五撞钟，声震周围村庄。有古诗云："朝钟暮鼓不到耳，明月孤云长挂情。"曾经的此处想必也晨钟暮鼓，香火旺盛，庙宇、僧人、古树，很好的一副静谧之图。可惜，此钟在 1958 年被炼了钢铁。1976 年，一场大火从树下一直烧到树上，两个分枝被烧掉。虽然庙宇已不复存在，银杏树也屡遭劫难，但现在依旧枝繁叶茂，其冠如盖，生命力顽强。每到秋天，枝头仍挂满累累白果。当地百姓称银杏树为"长寿之星"，香火至今不断，每到节假日，总有人光临焚香，求告平安。

1978 年 5 月 18 日，青云村群众在村内取土时，在距离地表深 1 米处发现一件灰色陶罐，内藏一批铜造像。经过整理研究，这批铜造像中，有佛像三尊、菩萨像三尊、铜狮一件，其中两尊有纪年，均为北朝时期遗物，而且雕刻精美，具有很高的艺术价值和历史价值，对于研究诸城当时的佛教文化传播具有重要

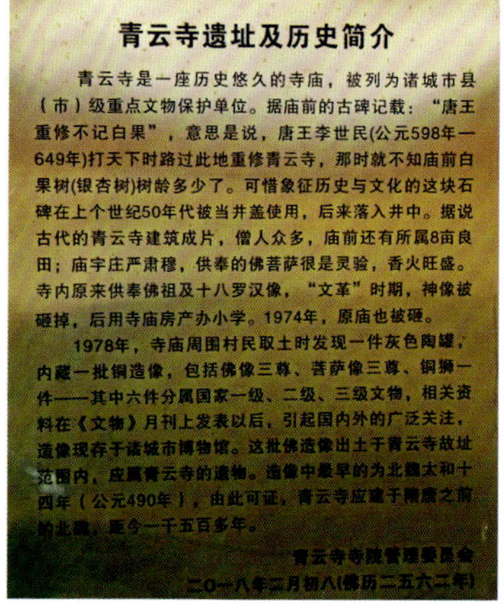

青云寺遗址及历史简介

青云寺是一座历史悠久的寺庙，被列为诸城市县（市）级重点文物保护单位。据庙前的古碑记载："唐王重修不记白果"，意思是说，唐王李世民(公元598年—649年)打天下时路过此地重修青云寺，那时就不知庙前白果树(银杏树)树龄多少了。可惜象征历史与文化的这块石碑在上个世纪50年代被当井盖使用，后来落入井中。据说古代的青云寺建筑成片，僧人众多，庙前还有所属8亩良田；庙宇庄严肃穆，供奉的佛菩萨很是灵验，香火旺盛。寺内原来供奉佛祖及十八罗汉像，"文革"时期，神像被砸掉，后用寺庙房产办小学。1974年，原庙也被砸。

1978年，寺庙周围村民取土时发现一件灰色陶罐，内藏一批铜造像，包括佛像三尊、菩萨像三尊、铜狮一件——其中六件分属国家一级、二级、三级文物，相关资料在《文物》月刊上发表以后，引起国内外的广泛关注，造像现存于诸城市博物馆。这批佛造像出土于青云寺故址范围内，应属青云寺的遗物。造像中最早的为北魏太和十四年（公元490年），由此可证，青云寺应建于隋唐之前的北魏，距今一千五百多年。

青云寺寺院管理委员会

二〇一八年二月初八(佛历二五六二年)

● 青云寺遗址及历史简介

● 古银杏树近景

意义。据有关人士考证，此批铜造像与古银杏树有着密切关联。

古树由于前期疏于管理，部分树根裸露在外，大树杈曾遭雷劈三次，人为火烧两次，已失去五根树枝，树冠残缺不全，失去往日雄姿。2011 年，丹家店子社区发出拯救千年古树倡议书，募集善款，对该树进行了维护。2018 年丹家店子社区又招纳在外有志之士对古迹进行修缮保护，计划将此处打造成生态旅游景区。相信随着人们生态保护观念的增强，古树会受到越来越多的关注和保护。但愿它历经千年沧桑后，仍能守护着这一方水土，与此处的百姓相依相伴。

● 古银杏树全景

意义。据有关人士考证，此批铜造像与古银杏树有着密切关联。

古树由于前期疏于管理，部分树根裸露在外，大树杈曾遭雷劈三次，人为火烧两次，已失去五根树枝，树冠残缺不全，失去往日雄姿。2011 年，丹家店子社区发出拯救千年古树倡议书，募集善款，对该树进行了维护。2018 年丹家店子社区又招纳在外有志之士对古迹进行修缮保护，计划将此处打造成生态旅游景区。相信随着人们生态保护观念的增强，古树会受到越来越多的关注和保护。但愿它历经千年沧桑后，仍能守护着这一方水土，与此处的百姓相依相伴。

● 古银杏树全景

08 >>>

济　宁

1. 安山寺古银杏
2. 泉林古银杏
3. 白果树村古银杏
4. 清神观古银杏

安山寺古银杏

● 安山寺古银杏树全貌

泗水县城东南 15 公里处有一座寺院名叫安山寺。在安山寺内有两株古银杏，一雄一雌，当地人称为“夫妻树”。雄株虬枝铁干，伟岸挺拔，枝叶如盖；雌树娇小、秀气、枝叶翠绿。两树相距 12 米，树上部枝叶相交，形同一体；树下部根系相连，难分彼此，宛如一对喜结连理的恩爱夫妻，它们相携相扶、共沐风雨，历经千余载。西侧为雄株，树高 28.6 米，胸径 2.52 米，冠幅 22.8 米 ×21.7 米，树冠圆锥形，偏向西南。主干通直，有纵状沟，最深达 0.18 米，主干及大侧枝顶端枯死，树干及主枝上有树瘤，上有丛生萌条。东侧为雌树，树高 17.5 米，同根两干，北干胸围 2.19 米，南干胸围 1.19 米，树冠 260 平方米。目前，这两棵银杏树长势一般，主要原因一是因为对银杏树过度的保护，周围土地硬化造成的；二是最近二十年来结果量太多，古

● 古银杏树远景

树不堪重负。

两树树龄，说法不一。关于雄树，有的称1700年，有的称2500年。雄树下有一座石碑，有“孔子手植树”几个红字。传说此树系孔子周游列国时所植，比寺庙本身的历史还要长。而那株雌树的树龄，说法就更多了，500年、800年的都有。两株银杏，虽称“夫妻树”，但年龄悬殊，可谓“老夫少妻”。这对“夫妻树”，曾有一个美丽的传说：玉皇大帝御前有一对执扇的金童玉女，因羡慕人间男耕女织、夫妻恩爱的生活，就效仿七仙女，偷偷下凡，定居在山清水秀的安山寺，化作雌雄银杏，朝夕相守、寒暑相伴。玉帝认为二人违反天条，有辱天庭，遂派雷公电母来到安山寺，电击雄树，焚毁雌树，把玉女真身押回天庭。失去自由的玉女思念金童，整日以泪洗面。金童守在安山寺，茕茕孑立，思念着玉女，日复一日，年复一年，身上长满了青苔。太白金星慈善仁厚，趁看守不备，救出玉女，秘密送回安山寺。玉帝虽知此事，也为玉女金童的真情所动，佯作不知，不予追究。雌树原址很快长出一株新的银杏，这就是玉女。金童与玉女团聚后，青春焕发，枯枝发芽，容颜新生。金童处处呵护玉女，用巨大的身躯为其遮风避雨。他们相依相伴，不离不弃，览安山春色，听涌泉流水，深受人间的仰慕和赞誉。

• 安山寺内“孔子手植树”碑

千百年来，“夫妻树”忠贞不渝的爱情被人们广为流传。无数青年男女来到银杏树下，憧憬真爱，海誓山盟，系红丝带，挂连心锁，把银杏树作为爱的见证。

据说安山寺始建于唐贞观二十三年（649 年），原名安山涌泉寺，因东侧有涌泉而得名，后省略为安山寺。当年的安山寺，规模宏大，殿宇壮观，曾为东鲁佛教圣地。

● 古银杏树近景

● 安山寺

安山寺内部规模不大，环境古朴幽雅，花木拥翠，碑碣林立，清泉喷涌，鱼游池中，古有“安山秀色”之美称，为泗水十大景观之一。据《泗水县志》记载，晚清进士王廷赞游安山寺曾作诗赞曰：“万山围一寺，老树绿参天……龙喷石窦泉，花雨散峰巅。”描绘了此处的美景。徜徉其中不仅让人心旷神怡、身心放松，古树生长于斯可谓与之相得益彰，相映生辉。

安山寺内景物

泉林古银杏

● 泉林古银杏树

泗水县泉林风景区内有一棵千年古银杏树，声名远播。

该树树龄据估测 1100 多年，树高 26 米，枝下高 6 米，胸径 1.65 米，冠幅约 400 平方米，东西 21 米，南北 21 米。主干笔挺，下部有较大裂缝，整体长势不佳，叶子较稀疏，部分枝干干枯。为保护古树，管理者在树周围修有白色围栏。

● 古银杏树根部

● 御碑

据史料记载，该银杏树为南北朝建“源泉祠”（泉林寺）时种植。传说该株银杏树为泰山碧霞元君之化身，当地百姓常到此为子嗣祈福，求子、求学、求姻缘。每年正月十五、三月二十八日庙会，人们成群结队到此祭树，以求福寿安康，风调雨顺，祈福百年好合，永保平安。

古树所在地泉林位于泗水泉林镇古陪尾山下，因泉多如林、名泉荟萃而得

古银杏树全貌

● 古银杏树枝干

名。此处山清水秀、人杰地灵、历史文化底蕴深厚。有“名泉七十二，大泉数十，小泉多如牛毛”，泉水昼夜涌流不息，五步成溪，百步成河，常年不涸；有孔子讲学处、仲子出生地，北魏郦道元誉泉林为“海岱名川”；康熙、乾隆皆对其赞誉有加并留下不朽诗文，历代文人墨客游览泉林，留有赞叹诗文 400 余篇。

此处文物古迹众多，有上古时代卞国国都古卞城遗址、国家级重点文物保护单位古卞桥、明清皇家园林四大石舫之一的古石舫、子在川上处、康乾行宫、御桥、御碑等。

千年古银杏树生长在泉林景区内，浸润着清冽的泉水，呼吸着清新的空气，熏陶着古老的中华文化，可谓美哉。

• 御桥

• 红石泉

• 石碑

白果树村古银杏

白果树村古银杏树

济宁市任城区长沟镇白果树村位于胜利乡北部。相传明朝永乐年间有一位白姓少女，因有恩于京官徐某的母亲，被赐地于此种植白果，故此村称白果树村。该村有两株古老的夫妻银杏树，非常有名，是当地一景。

两棵古树，北为雄树，南为雌树（濒危）。雌树较大，树龄 1300 余年，树高 7 米，胸径 2.22 米，冠幅 9 米 ×4 米。主干有一高 2.5 米残桩，中空，可容五六个人，主干表面树皮脱落，光滑，有纵状深沟，外形似“火山口”，无头冠。主干十分之九的树皮腐烂，仅在东北向有宽 0.5 米树皮存活，并在距地面 4 米处有 2 个斜向生长的侧枝。在东北向萌生一复干，与母干上的活皮并生，复干胸围 1.30 米，树高 10 米，冠幅 9 米 ×4 米。有 2 条裸根，最长裸根 2.5 米，直径 0.4 米。复干枝繁叶茂，果实累累，窥其一斑，足见此树当年之风采雄姿。据说一百多年前此树高达 20 米左右，直径 3 米多，苍劲雄伟，当地老人说，常有人在离地两米多高的树杈上打牌。此树生长茂盛，参天蔽日，出济宁城西门北望可见其绿荫一片，各种鸟栖息其间，真是一片美好的生态环境。较小的一棵是雄树，破土成两枝，每枝干围 2 米，高 18 米，长得

古树名木保护宣传牌

苍劲雄伟，虽沧桑几易，却风华犹存。

据考古学家研究，这两棵树系天然长成，雌树已有一千多年的历史，小树树龄也有三四百年了。据传这里古时曾经发过大水，大水过后，有村夫王桂良发现一棵小树苗破土而出，生长旺盛，但不知其名。他出于好奇，精心管理，树由小而大，枝繁叶茂，而后结果，果大于枣，熟后透白，因而取名“白果树”，即今日人们所见的雌性白果树。而后又生出一株雄性小树，此树从不结果。1989 年，政府组织人手对其嫁接，现在每年都硕果累累。

• 古银杏树全貌

古银杏树早期全貌

古老的雌树为山东省胸径2米以上古银杏之一，母干已经濒危，应对该资源进行积极保护，以防资源流失。

关于白果树当地流传着一个美丽的传说。传说很久以前，这里是大野泽的东岸，土地肥沃，气候宜人，人们在这里过着游牧生活。因水草丰美，牛羊肥壮，人们有喝不完的牛奶和吃不完的羊肉，从大野泽里捕上大鱼来更是家常便饭，生活惬意美好。

大野泽里住着一个修炼千年的乌龟精，他看到那些又肥又大的牛羊，垂涎三尺。晚上，乌龟精趁人不注意经常上岸来偷牛羊。久而久之，人们发现牛羊少了很多。于是就开始警觉防备起来，挑选了几个身高体壮的男子手拿棍棒守候在牛羊群旁，并打伤了乌龟精。乌龟精为了再偷牛羊，运用修炼千年的本领施放毒气，让看守人生病，人们遭受了他释放的毒气之害，出现耳鸣、精神萎靡、嘴歪眼斜、半身不遂的症状，无力再保护自己的牛羊了。

王母娘娘知道后就设法救助这些苦难的百姓。王母娘娘告诉身边的侍女白果仙女说，你下凡救助苦难，功德圆满之后，你就位列仙班，不再是侍女。临行前，观音菩萨给了白果仙女一颗种子，交代了一番。白果仙女立即按照王母娘娘和观音菩萨的安排来到人间，把随身携带的那颗种子埋在土里，浇上水，不一会儿就破土发芽了，很快就长成了一棵枝叶齐全的小树。小树见风就长，一袋烟工夫就长成了一株枝繁叶茂的参天大树。眼看着树上亮光点点，原来是开花了，又过了一会儿便长出了一串串杏子一般大的果实来。果实白里透亮，缀满枝头，一闪一闪地耀人眼。白果仙女告诉人们：这是王母娘娘身边的与天同寿不老树，王母娘娘看到人们受苦受难心里很难受，特意派她带来这颗仙种救助百姓，只要把树上的叶子摘下来熬成水喝，再吃几颗果子，病就好了。人们非常感激王母娘娘和白果仙女，纷纷跪下拜谢她们。随后，人们按照白果仙女的要求去做，果然，很快就恢复了健康。人们为了纪念白果仙女的救命之恩，就称这棵树为“白果树”。又因它的果实像银白色的“杏”，人们又称她为“银杏树”。一天晚上，乌龟精又来偷吃牛羊，他看到这株参天大树，感觉很奇怪，就来到大树底下想看看究竟，结果，被隐身在树上的白果仙女抛下的一条红丝线缠住脖子吊死了。从此后，人们过上了太平幸福的日子。为了感恩众仙，百姓们就在白果树旁建立了观音七圣堂，里面供奉着王母娘娘、观音菩萨、白果仙女等七位解救百姓的神仙。人们来这里上香许愿、祈求平安。心诚则灵，人们的愿望总能实现，因此，香烟缭绕，钟磬齐鸣，来此进香许愿的香客络绎不绝。

沧海桑田，时代演变，如今的观音七圣堂是中华民国时期修建的，只剩下白果树西南角三间房屋独安一隅，神位虽在，但香客罕见了。

古树原在寺庙中。当时，四面八方的百姓纷至沓来，香火很盛，求神拜佛者络绎不绝。后来，人们得知白果树可以入药，就把白果树看成“神树”。每逢疾病流行，便来上供求神，每年农历三月十五在庙里举行庙会，祈祷去疾免灾。相传光绪二十三年（1897 年）正月十九，济宁城里的一位富家老太太前来烧香。因天色已晚，又下起淅淅沥沥的小雨，遂把成捆的香点燃放在树窟中，结果引起了大火，烧了三天三夜，把一株干高枝茂的大树烧得只剩半截树桩。今天所见的东北一枝，仅是树枝杈中的幸存者。后该树仅存东北方向一枝独成一株复干。该树未烧前，树冠遮阴达 2 亩地，由于树冠较大，当时寺庙外庄稼收成不好，百姓因而可以免交税。

● 古银杏树早期被烧后树枝残留

据说此村当年曾有七十二族长，七十二姓氏，现有崔、王、屈、刘、陈、杜等姓计 200 余户 1400 余人。树茂村盛，相映生辉，成为当地一道别样风景。

清神观古银杏

清神观古银杏树

清观院位于嘉祥县金屯镇郭庄村，院内古银杏为雌株，树龄约 1000 余年，树高 27 米，胸径 2.27 米，据当地人说需要六七个人才能搂过来。冠幅 17.5 米 × 17.5 米，树冠塔形，庞大。主干通直。主枝顶端枯死，曾锯掉 2 个大枝，现有六大侧枝；树干上有瘤状凸起多处，距地面 2 米处有直径 1 米的瘤状突起、0.3 米处和 1.8 米处的东南各有直径 0.6 米和 0.4 米的突起。

古银杏树树冠

• 古银杏树树干瘤状突起

• 古银杏树全貌

• 古银杏树及清神观碑

据说清神观始建于隋唐年间，距今已有大约 1300 年的历史，是道教洞虚普惠真人的修炼之地。后人据清神观的始建年代推算，认为这棵大银杏的树龄在 1300 年左右。不知道是因观而植了树，还是因树建了观；是先有观，还是先有树，均无法考证。观没有院墙，观前的两侧有真人张公墓碑两座。清神观现为嘉祥县县级文物保护单位。

该树生长环境较差，四周被杨树等杂树包围。果实稀疏、较大。

一树一观两墓碑，经过世世代代风风雨雨，一直携手默默守护着一方百姓的平安。

09 >>>

泰 安

1. 玉泉寺古银杏
2. 老君堂古银杏
3. 徂徕山中军帐古银杏
4. 徂徕山隐仙观古银杏
5. 大寺村古银杏
6. 白马寺古银杏
7. 前上庄村保聚庵古银杏
8. 张庄村古银杏

玉泉寺古银杏

玉泉寺古银杏树鸟瞰图

五岳之首的泰山，它的巍峨和深厚的文化底蕴，吸引着众多国内外游客。泰山周围的名胜古寺中也种植有许多银杏树，与名山胜景共生共荣。其中泰山区的玉泉寺内有四株古银杏，树龄均在千年以上。

位于玉泉寺大雄宝殿前的一株古银杏为雌株，树龄约 1300 年，树高 34.7 米，胸径 1.30 米，冠幅 18 米 ×19 米。古树从两侧台阶之间拔地而起，甚是雄伟，树干系几株复干合生而成，最大复干直径约 30 厘米。

顺着台阶步入大殿内院，随即另外两株参天古银杏树映入眼帘。两株均为雌株，左边一株树龄约 1300 年，树高 30.2 米，胸径 1.72 米，冠幅 16 米 ×19 米；

古银杏树

• 玉泉寺大殿前台阶

• 古银杏树远景

右面一株树龄约 1300 年，树高 35 米，胸径 2.42 米，冠幅 16 米 ×16 米，胸围 7 米多，树冠偏东，树干由几株复干合生而成，凹凸不平，树干凹沟达 4.5 米枝下高处，为泰山之首。1988 年管理人员曾为大殿前两株古树尝试人工授粉，结果硕大如元宵，险些坠伤古枝，后不敢再施以人工授粉，但每年仍结有零星果实。更有奇者，位于寺西院的一株，在 20 世纪 80 年代，树干因蛀虫作祟而自燃，浓烟从树干中心空洞冒出，危及古树生命，当时寺院工作人员自上而下，用水浇灌树洞，仍不奏效。时有一老者支招，用黄泥把上下树洞封住，烟火方熄灭。这样一来既消灭了蛀虫，又保住了古树。目前这株银杏树依然是葱茏苍翠，生机盎然。寺院为加强管理与保护，在古树周围砌有一米多高的防护栏，同时用钢架支撑枝干，以防高大的树枝折断而砸伤游客。

最后一株位于宝殿西山坡，也为雌株，树龄约 1300 年，树高 25.8 米，胸径 2.24 米，冠幅 14 米 ×16 米。树干东南腐朽，水泥填充，最大复干直径 30 厘米。多代同堂，萌蘖丛生。

“谷山深藏谷禅宗，道路崎岖幽静通。参天银杏高台傍，岗峦荫蔽一亩松。”描写的就是千年古刹玉泉寺。玉泉寺又名谷山寺、佛爷寺，位于泰山东北部，大津口西北。由于距离市区较远，很多泰安本地人都很少来，外地游客更是无处寻

• 古银杏树枝叶

● 对古树进行支撑保护

觅。但正是因为这里的游客稀少，而且处于泰山自然保护区之内，又是佛教圣地，所以很多遗迹得以保存，植被也得到很好的保护。

寺庙由北魏高僧意师创建，金代高僧善宁重建，元代增建七佛阁，后经明、清两代重修，至清末有僧众百余人，成为泰山规模最大、名声最高的寺院。清末以后，战乱频繁，寺庙逐渐荒废。现存寺院是依遗址和历史记载于 1993 年重建。现存有玉泉、药师七佛阁遗址、唐植古银杏树五株、碑碣十余块、大雄宝殿、定南针等景点。

清光绪十二年的石碑上记载："寺内有银杏三株，簇生，每大廿余围，诚旷世之罕见。"碑文记载为 3 株，实为 5 株，清代死 1 株，今存 4 株，均为雌株。

时光荏苒，千年已过，玉泉寺几经兴衰。如今的人们安顿下来，在银杏古树下品茶、畅聊，享受当下的一片宁静，让平日紧绷的神经得以舒缓，内心纯净而快乐。

老君堂古银杏

● 老君堂

泰山老君堂（原虎山中学）内有一株千年银杏树为泰山古树名木，雌株，树龄约1300年，树高21.7米，胸径1.29米，冠幅15.5米×14.8米，枝下高3.3米。该树生长较旺盛，树冠阔塔形，树形优美，部分分枝顶部干枯。主干粗壮，略向

● 老君堂古银杏树树干

• 老君堂内景物及建筑

东倾斜，树皮粗糙开裂。有 4 个主要分枝，在主干上分布均匀。有萌蘖 5 株，贴母干生长。该树枝叶正常，结果量大。院内地面硬化，树周围设立围栏围护。

泰山老君堂位于泰山南麓环山路北侧、王母池西林，是泰山上唯一供奉道德天尊（也称太上老君）的著名宫观。其始建于唐初，原为泰山“岱岳观”建筑群的一部分，距今已有 1400 年的历史。据说早在唐代，皇室将老子李耳尊为祖宗，崇奉太上老君。唐代六帝一后也先后亲临东岳，建老君堂、修斋建醮造像，并为之累加尊号。唐高宗尊其为“太上玄元皇帝”，唐玄宗三上尊号，称其为“大圣祖高上大道金阙玄元皇大帝”。时至今日，老君堂香客络绎不绝，香火持续不断。千年古银杏伴着千年香火生长得郁郁葱葱、生机勃勃。

每到秋末冬初，千年银杏散落的金黄叶子铺满古寺院落，犹如一层“黄金地毯”，漫步其上仿佛走入了油画中，浪漫而唯美。

徂徕山中军帐古银杏

徂徕山中军帐古银杏树

泰安徂徕山林场中军帐内有一株千年古银杏，树姿雄伟挺拔，颇具气势。

千年古银杏位于海拔 772 米处中军帐内三清殿西 50 米，雌株，树龄 1000 余年，树高 23.7 米，胸径 1.24 米，冠幅 21.5 米 ×23.2 米，枝下高 4 米。古树生长旺盛，树冠长椭圆形。主干粗壮，通直，树体略倾斜。有 11 个主枝，6 个侧枝，8 米以上分枝较紧凑，分布均匀。由于所处海拔较高，周围没有一定数量的雄性花粉，所以自然结果能力较弱，但经人工授粉后结果量丰年可达 2000 公斤。

古树的根部已有一部分裸露在外，它从石缝中钻出，像绳索一样紧紧地缚住山石，倔强地生长、顽强地呼吸，努力着、拼搏着，如果这是一种生存的本能，那么这种本能是多么的让人肃然起敬，生命的尊贵与壮丽，仿佛都蕴含在这不可遏制的生机里。

古银杏树周边岩石

古银杏树根部

神影泉

碑碣

古树周围环境好，非常适合古树的生长。北面为神影泉，也称“吴王泉”，清泰安县志又将其记载为“坞旺泉”，泉水较深，水中林石倒影，波光粼粼，泉水富含多种矿物质。古树的根扎到泉水深处，古树因泉水的滋养而得以茁壮成长，泉水因古树浸润而更加清冽甘甜。“神影泉”为巍峨的古树无形中增添了灵气，就像一位头顶盖头待嫁的美丽少女，山水相间，相得益彰，让置身其中的游客怦然心动，心旷神怡。

古树坐落于青山环抱之中，林木草丛郁郁葱葱，枝繁叶茂，清新的空气沁人心脾，远处云山相接，层山叠嶂；近处俊峰奇松、山崖陡立；周边三清殿旁还有三棵古松树，虬枝如龙，蔽日遮天，似展翅欲飞的大鹏。院中多块清康熙年间立的石碑，因年代久远，上面的字迹已模糊不清。

历史不断变迁，唯有这株古银杏一如既往地矗立在这里，见证着中军帐里的点滴风雨，这是一种记忆的传承。很多来到此处的游客总会仰望古树，感叹岁月沧桑，或许，这一刻的人们，能够在古树旁、古刹间，安享着来自千年的宁静与平和。

古树独木成林。秋天，枝头挂满黄澄澄的叶子、小元宝一样金灿灿的果子，微风吹拂，像一棵巨大摇钱树在空中摇曳着向游人示意，摇着摇着就诱人幻化出

古银杏树远景

古银杏树近景

梦一般的奇想。

徂徕山，又称龙徕山、驮来山，是泰山的姊妹山，位于泰安市岱岳区徂徕镇，占地90平方公里，森林覆盖率80.2%，为国家级森林公园，既有北方粗犷雄浑的壮观，又有江南幽雅妩媚的秀丽，被人们誉为“江北小庐山”，是集休闲、观光、疗养为一体的旅游胜地。

徂徕山鸟瞰图

• 中军帐景区简介

• 太平顶简介

中军帐位于徂徕山顶峰——太平顶西北，是徂徕山国家森林公园诸多景观景点中的一处。传说吴王伐齐时，中军设于此，由此而得名。清康熙年间在此处建三清殿，现仅存房基。

中军帐北依悬崖，南临深壑，丹壁凌空，松涛云飞，周围环境优美，历史古迹众多。明清文人的碑碣、题词均清晰可见，亦有书院遗址可寻。有清人在此题联："万叠青松千涧月，一曲流水四周山"。中军帐之北为玲珑山，因秀拔玲珑而名，又称空空山。其上有野人洞，又称走神洞。唐开元年间王希夷隐此。唐玄宗封泰山时，王氏已 90 余岁。玄宗"与语甚悦，拜国子博士，听还山"。其洞上依峭壁，下临绝壑，周围山石嶙峋。洞口南向，顶为巨石挤压而成，极险峻。抗日战争期间，中共泰安县委和抗日民主政府领导人曾居住于此。

目前，古树由景区统一养护，由专门人员负责银杏古树的日常监护管理。

徂徕山隐仙观古银杏

隐仙观“姊妹”古银杏树全貌

泰安市岱岳区徂徕山林场茶石峪林区隐仙观内有一株千年“姊妹”银杏树，位于观内玉皇楼前，树龄约1100年，树高23米，胸径1.10米，根径2.07米，冠幅20.4米×20.4米。树冠倒卵形，雌株，一株分两干，人们称之为“姊妹”银杏。东侧为母干，西侧干为复干，母干枝下高8米，胸径1.10米，有3个主枝。复干枝下高10米，胸径1.08米，有4个主枝，东南侧分枝断裂，在0.8米以下与母干长在一起。该树刚劲挺拔，枝繁叶茂，生长旺盛。她们携手走过千载，坦然屹立于天地间。经常有年轻人在树下许愿，以期得到终生相守，坚贞不渝的爱情。

“姊妹”古银杏树全貌

“姊妹”古银杏树刚劲挺拔

●“姊妹”古银杏树远景

“姊妹”银杏位于山石丛林之中，一眼望去，树干挺拔入云，树冠如伞似盖。看着葱郁的林木、废弃的古庙、建筑，嗅着芬芳潮湿的空气，听着松涛与鸟语，吹拂着野林山风，置身此境的游人好似来到另一个世界，有回归历史、与世隔绝之感。李白隐居此地时在《送韩准、裴政、孔巢父还山》一诗中曾有“昨宵梦里还，云弄竹溪月”之句，便是对这段隐居生活的深情回忆。

隐仙观原为巢父庙，坐落于徂徕山顶峰太平顶东南石峪内，海拔296米，面南背北，依山而筑，周边群峰耸立，石坡广旷，山溪环绕，松柏苍郁，景色秀丽壮观。清道光年间《泰安县志》称其为“徂徕第一奥区”。

据记载，隐仙观占地3200平方米，修于明代，主祀吕洞宾，内有六逸堂、吕祖殿、三清殿、玉皇阁等古建筑，于抗日战争期间毁于一旦。观中有炼丹炉、礤石陂等特色景观。

为更好地保护古树名木，寺院安排专人对古树进行科学管护。管理人员定期进行施肥、浇水，根据其生长条件、健康状况和管护情况，实施“一树一策”保护，发现问题及时处理。银杏古树长得根深叶茂，虽有部分根系裸露在外，但总体生长状况较好。

在古树东侧玉皇楼下层的石门额书“金阙云宫”几个字，旁边还存有清康熙

● 隐仙观

年间赵国麟撰书《蓬莱派重修碑记》和嘉庆年间蒋大庆撰书《重修楼阁殿宇碑》等碑碣。另有些石碑，因年代久远，经风侵雨蚀，已是漫漶不清、残缺不全，为人们留下了太多遗憾。

“肃然谒古树，敬畏意无边”，观瞻着古树，重温着历史，虽然古代建筑已不复存在，但古树仍当空矗立在此。一棵经历了上千年的古树，定是储存了代代人间冷暖、无尽的日月光华，所以人们深信在它的一芽一叶中都充满着自然中的非凡能量。肃然端立于古树前，与古树进行灵魂的对视，每个到此的游客都能感受到它们生命中的顽强，磨难中的不屈。

● 隐仙观石碑

大寺村古银杏

● 大寺村古银杏树

肥城市石横镇大寺村正觉寺银杏树位于大寺村西端，雌株，树龄约 2500 年，树高 23.5 米，胸径 1.75 米，冠幅 22 米 ×15 米，枝下高 3.4 米。树势衰弱，树冠卵圆形。主干挺直、粗壮，树皮脱落严重，部分树皮被当地老百姓用作药材剥去，基部有瘤状突起。有 4 个主枝，均从主干 1.7 米处发出，直径均 1 米左右，

● 古银杏树主枝

• 古银杏树全貌

• 石碑

• 古银杏东侧石碑

侧枝 10 余个。基部有萌蘖 100 余株，与母干的距离为 0 ～ 0.6 米。该树生长在村旁，地处平原地段，褐土，厚 50 厘米，结果量很少。

树下东侧碑文记载："北园春，喜瞻史圣手植银杏，昔日至此，杂木丛生，断壁残墙，蛇鼠逐荒，乌鸦哀唱，顽童攀援，落叶枝伤，更有愚夫挥刀抡斧剥皮煎药饮膏浆，呜呼哉，史圣遗植百孔千疮。今日重游故地，流连忘返，圣乡绿叶扶栅栏，根生叶茂冠入云霄，身腰粗壮，幸蒙政府拨义款保护名胜。沧桑乐乎哉喜枯木逢春，代代瞻仰。一九九八年十月立。"

相传此树为鲁左使左丘明手植，距今 2500 余年。唐贞观二十一年（647 年），左丘明封经师以祀文庙，乡人于树北建三教堂以志。金大定十年，高僧宋明于树南建正觉寺。新中国成立后三教堂、正觉寺先后湮没，唯有银杏依然伟岸挺拔。近年世人以取神药为名削皮砍枝，古木屡遭伤害，满目疮痍。石横镇委镇政府拨专款加以保护，企望史圣所植银杏能恢复康壮。

中间碑文记载：春秋银杏保护碑记。

西侧碑文记载：镇委镇政府卫护古木盛事碑记。

古树遭遇种种劫难，在政府的保护下，又重现勃勃生机。

白马寺古银杏

● 白马寺古银杏树

新泰市白马寺内有三棵千年古银杏树，它们巍然屹立，枝干巍峨，树形婆娑，呈等腰三角形鼎立之势，分布于白马寺庙宇之侧，为镇山之树、镇寺之宝。

● 三棵古银杏树全貌

● 古银杏树枝干

● 最大古银杏树全貌近景

三棵古银杏树，中间一棵尤为粗壮，树龄据考证约2800年，被誉为“银杏之王”，号称“天下第二银杏树”，传说圣人孔子曾在此品茗乘凉。该树雌株，主干挺直、粗壮，高34.6米，胸径2.93米，冠幅26米×37米，枝下高2米，表面凹凸不平，西侧内陷0.85米，西南侧内陷0.50米，东侧内陷1.00米，南侧树皮严重脱落。有主枝10个，均从主干3.7米处发出，分布均匀，北侧一分枝长达18米，东侧两主枝折断，树皮脱落，中空腐烂但生长旺盛，树冠呈多棱形，树形优美，内径6米，荫地面积1亩多，为世间罕见。部分根系裸露，参差交错，状若犬牙。

● 古银杏树枝形

古银杏树全貌

北侧一棵为雌株，树龄约1000年，树高15米，胸径1.75米，冠幅17.7米×23米，枝下高2.5米，生长旺盛，树冠阔塔形，主干挺直、粗壮，有4个主枝，侧枝6个，西侧一主枝遭雷击后断裂，其余生长旺盛。枝叶正常，结果量较大，与最大一株相距28米。

南侧一棵也为雌株，树龄约1000年，树高16米，胸径1.89米，冠幅19米×20米，枝下高3米。生长旺盛，树冠卵圆形。主干挺直、粗壮，分枝以下树皮脱落严重，东北侧三大主枝被截，西南侧三大主枝被截，原有主枝仅存一个，萌生侧枝十余个，在主干上分布均匀。东南侧主枝被截处萌生泡桐一株，西侧有一株榆树着生。该树枝叶正常，结果量较大，与中间最大一株相距28米。

在银杏古树旁，有一处残碑。据说旧时此处筑有山门、钟鼓楼、金刚殿、千手观音殿、东西配殿、大雄宝殿等，寺东紧毗泰山行宫，后因年久失修，建筑、神像大都已毁，现仅存塔林和赑屃。另有元、明、清三代重修寺院残碑十余通，有的碑历经数百年风化，碑文已模糊不清，成了无字碑。

白马寺位于新泰市石莱镇南4公里处的白马山风景区内，原名石城寺，建筑总面积1800平方米，创建年代不详。据碑文记载，已历经元、明、清重修。由于年久失修，寺院已毁，目前尚有重修碑7处。

● 塔林及赑屃

● 残碑部分

三株古树目前由景区寺院统一管理，周边均有砌筑的水泥防护栏对其进行保护，直径约 6 米，以防止人为破坏。因古树年代久远，树体衰老，枝条容易下垂，为加强对银杏古树的保护，防止折断的树枝砸伤游客，景区管理人员对古树进行了支架支撑。

古树根植于泉水之畔，土沃根旺，集日月之精华，纳山水之灵气，虽历经沧桑，仍枝叶繁茂，硕果累累。周边崖峭石奇，泉溪潺潺，山清水秀，为旅游胜地。

“参天一树仰古今，更着东风与日新”。银杏树的生长过程也是一部社会发展的见证史，绵延而厚重，静默而深刻，来到此处的游客会默默感受它们生命的顽强，磨难中的不屈。古树下，香炉前，人们顶礼膜拜，千年银杏古树成了祈福求寿者顶礼膜拜的灵树。

前上庄村保聚庵古银杏

前上庄村保聚庵古银杏树

新泰市前上庄村保聚庵内有株千年银杏，被称为“千年老神树”，是当地一景。据说，该树植于唐朝建庵时期，树龄约 1100 年，树高 28.4 米，枝下高 3 米，胸径 1.22 米，东西冠幅 20 米，南北冠幅 18.4 米，雄壮高大、枝繁叶茂，如华盖当空遮蔽了整个院子。古树历经千年岁月洗礼，依然苍翠挺拔，巍然耸立。

古银杏树树冠

古银杏树树干

• 古银杏树全貌

● 保聚庵

● 保聚庵内残碑

保聚庵位于新泰市新甫街道前上庄村，自唐朝年间建立以来一直是佛教寺院，用于供奉观世音菩萨，曾一度被称为观音堂。据碑文记载，明末清初以来，社会动荡，土匪横行，人们渴望安定幸福，于是就把这种渴望化作对观音菩萨更加虔诚的敬奉，后来更名为保聚庵。

据当地村民介绍，在民国十年（1921 年），村里暴发瘟疫，那时医疗水平还相对落后，瘟疫在村里迅速蔓延。当时，全村几乎无人幸免，沾染上瘟疫的人，不久便会感觉浑身乏力，每日昏昏欲睡，急剧消瘦。在束手无策时，村民到保聚庵内菩萨像前，虔诚跪拜，祈求菩萨保佑村民早日脱离病厄。

一天夜里，村民们都做了同一个梦，梦中菩萨突然开口说话，菩萨一字一句地嘱咐村民说："前上庄是一块风水宝地，解除瘟疫的方法就在你们村里，这棵千年银杏树是一棵老神树，它历经千年风雨，汲取天地之灵气，日月之精华，结出的白果可以让人延年益寿，树皮、树叶、树枝都是具有独特疗效的药材，可以治疗多种疾病。现在这场瘟疫，只要摘下这棵老神树的叶片熬水服下，就会药到病除。"第二天，村民互相诉说着昨夜的梦境，顿时恍然大悟，这正是菩萨的点化，为我们指出了一条治疗瘟疫的办法啊！于是，人们立即小心翼翼地从老神树上摘下银杏叶片，按照菩萨交代的方法，熬制银杏叶水，让村民喝下。喝下银杏叶水的村民恢复了健康。后一传十、十传百，前上庄村的瘟疫很快就被消除，人们恢复了往日的模样，村里也再度充满欢声笑语。至此，村民们便对老神树更加爱护，"老神树"所在的保聚庵也被称为"万家祈福地"。

从此，村民对老神树心生感激与敬畏，篆刻石碑立于古树东侧，老神树驱除瘟疫的神奇故事流传至今。

保聚庵现存大殿三间，名六圣堂。廊前四柱皆为石制。原有东西道房，"文化大革命"中被毁。因年代久远，大殿已经失去了往昔的辉煌，东侧墙皮大片脱

银杏文化馆牌及简介

银杏文化牌

落，大殿外露的石制廊柱也已斑驳失色，整体颜色昏暗。

银杏古树东侧的历代重修碑，左侧一块为明代，因年号已残，无法确知年代；中间一块为清嘉庆八年（1803 年），右边一块为中华民国十年。

每逢节日，村民们纷纷来此处进行祭拜祈福。目前，前上庄村合理规划、深度挖掘和保护地域文化资源，科学发展千年银杏古树、保聚庵等文化遗产。原来道路泥泞、房屋破旧的老村，通过乡村振兴如今蝶变成了美丽乡村，并建起了银杏文化馆、崇文馆和党建文化馆。其中，银杏文化馆是依托前上庄“千年银杏”品牌兴建的专题性博物馆，展馆以银杏文化为线索，以“千年银杏”为主导，展示了银杏的科普知识、“千年银杏”的历史文化、“银杏传统文化”、前上庄“银杏精神”等，充分展现出前上庄“千年银杏树”独特主题形象，对于传承和弘扬传统文化、彰显地方特色有着极其重要的意义。

古树之贵在于老，老在年岁，老在资历，它见证了人世的兴衰，记录历史的痕迹。“保聚庵千年老神树”成了当地的文化符号，成了百姓的图腾，珍藏着祖辈先人的文化基因，被一方百姓呵护，也庇护着这一方水土的百姓。

张庄村古银杏

● 张庄村古银杏树枝叶

张庄村位于新泰市西南部的汶南镇，在这个名不见经传的小村庄内有一株千年古银杏，雌株，树高 23.4 米，胸围 3.92 米，平均冠幅 20.9 米，主干上共有 15 个分枝，树势旺盛，枝繁叶茂。叶呈深绿色，西南一分枝之叶，全部呈黄色，异常明显。树冠呈圆形，远望好像一把巨伞，高耸入云。

● 古银杏树全貌

古银杏树全貌近景

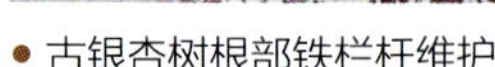

● 古银杏树根部铁栏杆维护

● 保护古树树碑

相传这株银杏古树为唐朝修菩萨庙时栽植，至今 1400 余年历史。1947 年国民党士兵抓一村民爬树锯枝使用，结果树枝摔碎，国民党士兵心惊胆战，弃之而逃，从此以后树得以保护。至今西向一枝树叶呈现黄色，与其余不同，相传乃国民党士兵砍伤之缘故。

古树周围有铁栅栏围护，据说是早些年修路时，为防止古树遭到破坏而修筑的围栏。

在古树一侧后方还有一处观音庙，门口两边立有两块石碑，用以告诫村民及游客要爱护庙宇和古树。

这株古树伴着古庙穿越千年岁月，历经风雨烟云，仍枝繁叶茂，她不语亦能让我们感受到她所经历的磨难与不屈。当我们面对他们，从这些历史遗存中透视历史，感悟民族、人类生存的真谛，把先辈们那心灵的雨露、精神的芳蕊作为我们前行的灯塔，照亮我们一代又一代前行的路。

10 >>>

威　海

1. 万户村古银杏
2. 圣水观古银杏

万户村古银杏

● 万户村古银杏树树冠

威海乳山市大孤山镇万户村在当地非常有名气，因为万户村是一个有历史底蕴的村庄，有一棵千年银杏古树更是当地的一张名片。

万户村千年银杏树坐落于万户村的村东河边，垂乳银杏，雌株，胸径 2.35 米，冠幅 31 米 ×32 米，枝下高 3 米，主干胸围达 8.1 米，树冠蔽地达 700 平方米。主干挺直、粗壮，东侧 1.2 米处有 2 个直径 15 厘米的瘤状突起。有分枝 20 余个，

● 古银杏树全貌

古银杏树鸟瞰图

古银杏树远景

从3.5米到6.5米范围内生出，均匀分布于主干上。树体西侧有一株复干，高12米，胸径51厘米，贴母干生长。树体南侧有3个垂乳，最大垂乳长31厘米，基径10厘米。银杏树常见，垂乳银杏树却不常见。在民间，有银杏树“不过千年不垂乳”一说。银杏树垂乳即树瘤，是木本植物中常见的现象。银杏树的树乳是银杏树长寿的象征，“不过千年不垂乳”一说虽然有点夸大，但结出树乳至少得需要几百年。据考证该树距今已有1200余年历史，是胶东地区树龄最长、胸径和冠幅最大的银杏古树。

银杏树所在的万户村历史悠久，建村已有2000多年历史，据说其远祖为姜子牙后裔。公元前210年，姜氏后裔辗转迁居此地，村名为“山庄”。南宋末年更名“鲁宋里”。元太祖十七年（1222年），成吉思汗南下山东，该村义士姜户被授宁海州同知之职，后累迁昭武大将军、元帅左监军、宁海州刺史及潍、莒、密、宁海州总管万户等职，1240年病卒于位，村民遂以其官职更村名为万户村。

在银杏树东侧，竖立着一座“银杏碑”，碑正面雕刻着中央军委原副主席、国防部原部长迟浩田的题词“沧海桑田千年树，人杰地灵万户村”。该古树虽历经沧桑，部分枝干有枯枝，但总体依然遒劲挺拔，每年都会吸引大量的游人慕名前来，拍照留念，祈福许愿，成为万户村、大孤山镇乃至乳山市的一道亮丽的风景线。

迟浩田题词碑

传说，北宋末年，岳飞抗金，当地百姓纷纷响应，金兵到此地时，有几名当地抗金志士曾匿藏于此树之上，躲过了金兵追捕，可见在800多年前此树已长有一定规模。更令人称奇的是不知从何时起，此树在根部又长出一萌蘖，现已长成一抱粗的大树。

村里人都说，这棵树是棵“母树”，树身长有两个“乳房”，树身西侧不知何时又长出一棵“子树”。“子树”长到两米多高处，树枝又与“母树”交错生长在一起，俨若“母子”相抱。早年人们祈求“树神”保佑时，为方便上树挂彩，就在母子树之间放了块长青石，慢慢地，这块青石条就被母子树包住了。后来，人们又在青石上垫了块白石，这白石如今也被母子树包住，只露出了很小的一角。

据村里20世纪六七十年代担任过林业队长的姜泽纯介绍，万户村的银杏树为野生树。他说，莒县有棵银杏树，树龄有3000多年，树围大约“八抱”，万户村的银杏树约为“六抱”，但莒县银杏树远远没有万户村银杏树的树冠大。万户村银杏树的树冠虽然大，已逾千年之久，经历无数风雨雷电，却从未有丝毫损伤，如今这棵银杏树仍枝繁叶茂。

万户村民爱树护树，有着悠久的传统。允许小孩子爬到树上玩，也允许人们上树摘白果，但绝不允许人们任意折毁树枝，也不允许用棍子敲打树枝。1998年，万户村把银杏树承包出去，承包者为让银杏树多结白果，对其进行了人工授粉，结果那年白果结得特别多。进入9月白果采摘季节，承包人便拿来竹竿任意敲打树枝，致使树冠损害严重。村民们心疼银杏树，第二年便终止了承包合同。

也许因为千百年来万户人的爱树情结，这棵银杏树成为福佑一方的“神树”。多少年来，村里的小孩子上树玩耍，很少有掉下来的，即使偶尔从高处掉了下来，也从没有被摔坏的，四邻八乡的人都把它当成“神树”来崇拜，谁家的孩子

● 古银杏树干枝

不小心受了惊吓，谁家的媳妇要生孩子了，都会来到树下祈求“树神”保佑。每逢年节和家有喜事，人们都会来为银杏树挂彩贴红，祈求平安吉祥。

关于古银杏树的故事很多。都说这棵树树很粗，粗到什么程度呢？传说有一年，村中来了一个盲人，他也很想知道这棵一千多年的树究竟有多粗。盲人来到大树下，把拐杖靠在树上，然后，把胳膊一伸，一抱一抱地绕着大树往前走，他一边走一边数，“一，二，三……”等盲人快走到拐杖的地方，有个顽皮的孩子，悄悄地把他的拐杖往前边挪挪，盲人就继续一边走，一边量。那个顽皮的孩子就这样和盲人玩起了藏猫猫，每当盲人快到了放拐杖的地方，孩子就把拐杖往前挪挪。盲人量啊，量啊，总也量不出树的粗细来。于是，盲人停下来，脸朝着天空，喃喃自语道：“好粗的大树啊！恐怕是棵神树吧，可不能动啊！”人们随声附和道：神树，神树，不能动，不能动。于是，村中男女老幼，都喜欢在树下玩，谁也不动老树的一枝一叶。老银杏树的名气是越来越大，越传越远，越传越神。

夏天的大树下，是大人和孩子玩耍的好地方，那枝、那叶，密密构成了一道天然的保护伞，遮挡烈日炎炎，洒下一地清凉。大树主干分叉的地方，就像是一铺炕，走累了的人可到炕上小憩片刻，微风拂过，惬意无比。爬上爬下的孩子们如猴子般灵活，把大树的皮磨得溜光。树上更是鸟儿的天堂，叽叽喳喳的鸟叫声总不时传来。树叶沙沙响、鸟儿叽叽喳喳，孩子们欢快的嬉笑声构成了一曲动听的交响乐。人们都相信，那老树历经千年，枝繁叶茂，一定是得到神灵的保护。人们爱护它，就像是爱护自己的眼睛。每逢办喜事，人们就把那大红的喜字贴在树上，把大红的布条系在枝杈上，以求吉利。公交车在老树旁经过时，乘客们纷纷把脑袋伸出窗外欣赏老树的姿态。游客们不远千里慕名而来，就是为了一睹老树的风采。

老树陪伴着一代又一代的山里人走过一个又一个春夏秋冬，每一个裂纹都刻着记忆，记录着这里祖祖辈辈人们的生活。

圣水观古银杏

圣水观古银杏树

荣成市崖西镇圣水观景区内有一株千年古银杏树，位于景区玉皇殿前，至今已有 1200 余年的历史。该树是雌雄一体的阴阳树，所结果核“阴阳相抱”，为罕见的“龙凤胎”银杏树。树高 26 米，枝下高 2.9 米，胸径 2.28 米，冠幅 21.5 米 × 25 米，树冠威武庞大，虬枝铁干伸向蓝天，其雄伟之姿与壮观的庙宇、亭阁相映成趣。

古银杏树全貌

古银杏树

古树是圣水观景区的主要景点。春天满树嫩绿，娴静优雅；夏季苍翠如华盖，端庄大方；尤其是到了秋季，更是像换上了华丽的盛装，如贵妇般雍容华贵。每年 11 月下旬到 12 月中旬，古银杏树树叶逐渐变黄，整棵树仿佛披上了黄金甲，在阳光照射下，树叶金光闪闪，微风吹过，金黄色的叶片纷纷飘落，如万千蝴蝶翩然起舞，在寺内红墙灰瓦的映衬下，美不胜收。可谓“千年银杏满地情，赠与寒秋一地金”，壮观的美景吸引了众多游客来此打卡。

圣水观位于荣城最长的山脉——伟德山脉的西部阳面，是我国北方著名道教

玉皇殿及古银杏树

● 古银杏树枝干

全真派发祥地之一，全真七子之一的王玉阳曾在这里演习道法，千年古银杏树据说为王玉阳亲手所植。这里树茂林丰，鸟语花香，冬无严寒，夏无酷暑，圣水甘甜祛病。景区绿树掩映，群峰叠翠，观内既有自然景观，又有人文古迹，玉皇殿、万寿塔等人文景观几十处，殿、台、阁、坛，巍峨壮观。

近年来，当地自然资源部门通过建档立卡，挂牌保护等措施扎实做好古树名木保护工作，共为 133 株百年以上树龄的古树名木进行了建档登记，为 29 株古树名木，实施了复壮技术措施，使古树得到了较好管护。

● 圣水观及其远景

11 >>>

日　照

1. 大花崖古银杏
2. 下寺村古银杏
3. 浮来山三教堂古银杏
4. 大沈庄古银杏
5. 北汶村古银杏
6. 薛家石岭村古银杏
7. 北黄埠村“夫妻银杏树”
8. 仕阳小学古银杏
9. 净土寺古银杏
10. 庞庄村古银杏

大花崖古银杏

大花崖古银杏树

日照市莒县浮来山定林寺“天下第一古银杏树”，可谓享誉海外，无人不晓。而在日照市东港区西湖镇大花崖村还有一株千年古银杏树，据考证乃唐代所植，距今已1300余年，是继莒县浮来山银杏树之后的日照市第二大银杏树，被日照市人民政府列为县级保护文物。

在西湖镇驻地南一公里有大花崖村的一处山沟叫做庙沟，沟南面是悬崖，崖底是一条小溪，现已干涸。小溪的北面便是闻名已久的大花崖村古银杏树。远远望去就能看到这棵古银杏树参天而立，形如山丘，龙盘虎踞，气势磅礴；冠似华

古银杏树树干

古银杏树根部萌蘖

● 古银杏树树枝

盖，繁荫数亩。这株古树属垂乳银杏，雌株，树高 27 米，胸径 2.37 米，须五人伸展双臂方能合围，冠幅 37.5 米 × 35.5 米，枝下高 4.5 米。树冠呈阔塔形，较大，树形优美，有分枝 13 个，因每年结果太多，故而银杏枝叶稀疏，部分分枝枯死。主干挺直、粗壮、凹凸不平，有较多的突起。有复干 5 株，最大复干高 20 米，胸径 20 厘米，与母干的距离为 30 厘米。银杏树基部西南、西侧和东侧各有一棵由萌蘖枝生长而成的银杏树，紧紧依附着母体，正所谓母子相依，根相连。西南一棵萌蘖树基径 40 厘米，西侧一棵基径 50 厘米，东侧根基径为 40 厘米。

古树有十余个比较开张的大侧枝，整个树形像一把巨伞，虬龙般的枝干上长出一个个“树奶”，使这株千年银杏显得更加苍劲。枝干上悬挂着一个个银乳（树撩），有的长达 40 厘米。据周边居民说，村里有个古老白果赞：“盘大无边，枝叶参天，西南枝子跑开马，东南枝子行开船，西北枝子到九里坡，东北枝子到黄山前，正北枝子虽细小，弯弯曲曲到沈疃，四十里路把白果拾，五十里路拾了叶子把煎饼摊。”虽是夸张也足以说明此树之大。春夏之际冠盖如云，村民及顽童便在大树下乘凉玩耍，晚秋季节树叶变黄，远远望去金灿灿如一把硕大的黄龙伞，引得游人叹为观止。

据村民介绍，以前这里曾有过一座庙，里面住着一个道士。新中国成立后庙被拆除。1988 年日照市人民政府将该树列入珍稀树名录，并采取措施加以保护，建了花格砖围墙，拉了铁丝围栅，有专人管护。

20 世纪 50 年代前后，古庙被拆后陆续建造了玻璃厂、地下仓库以及砖厂。建地下仓库时，割断了它的一些根，对树的生长造成了一定的影响。另外，现在村民种地用的灭草剂经风一吹，也一定程度上影响了古树的长势。这棵古树从 20 世纪 90 年代以来，健康状况呈衰落趋势，主要表现在树冠的生长不旺盛、叶片畸形等方面。古树的枯荣，也牵动着附近村民的心，不少村民从这棵古树前面路过时都会驻足端详一番。

为挽救这棵古银杏，2011 年，村民自发从井里取水经管道连接灌溉树根。2012 年，在当地林业局的帮助下，将有益于树木生长的营养液装入袋中给古树“输液”。在多项措施的实施下，现在的古树已经慢慢恢复了精气神儿，重新焕发出勃勃生机。

这棵古银杏树在这里历时千载，它见证着村里世代人的繁衍传承，在这里的人们也见证着银杏树的寒来暑往，人树相守，源远流长。

古银杏树碑

古银杏树树干及树瘤

下寺村古银杏

● 下寺村古银杏树

下寺村位于岚山区虎山镇黄海之滨阿掖山北麓卧佛寺中央。《日照县志》记载，此卧佛寺原“有唐碑，寺前银杏两株，周丈余，荫多屋暗，高不可代”。东西两株古树相距 1.6 米，树龄约 1100 余年，均为雄株，长势旺盛，为国家一级古树。

东株树高 29 米，胸径 2.14 米，冠幅 22.5 米 ×23.5 米，枝下高 5.5 米，树冠形状不规则，西侧树冠大于东侧。主干粗壮、挺直，2.5 米处有部分树皮脱落。有分枝 10 余个，集中在主干 6 米以上。基部有萌蘖 60 株，高度 1 米以下，与母干的距离为 0 ~ 0.8 米。有复干一株，高 19 米，胸径 0.45 米，贴母干生长。西株树高 25 米，胸径 1.38 米，冠幅 17.5 米 ×22.5 米。两株银杏树犹如一对雄狮，威武地守在下寺院内，见证了历代人的生活，目睹了滚滚的历史车轮。

● 古银杏树远景及树干

• 两株古银杏树根部

• 古银杏树根部萌蘖

已有1300余年的历史的下寺院，千百年来被村民们看作是村庄的“保护神”。这是岚山最早的寺院，两株银杏也是岚山最“老”的树。相传，前唐名将尉迟敬德平辽报捷后，回朝拨专款修建卧佛院，以纪念屯兵于此。寺院建成后，庙中主持索要镇寺之宝，尉迟敬德从怀中掏出雌雄二枚银杏，要方丈将其全部种下。谁料方丈心存私念，只种了一粒，另一粒藏于密室作传寺之宝。岂知种下的一粒为雄株，因而只能靠根生雄株繁衍，却结不出果实。民国时期，神像遭破坏。新中国成立后下寺院曾作为虎山中学校舍，学校迁址后被废弃，几十年无人问津。直到2006年，村委对寺庙进行了修缮，在古树周边修筑了围栏，并指派专人管护。

东边较大一株银杏古树，地表围径4.3米，地表根瘤环布四周。树干南部基侧有一处下宽0.46米、高0.5米的三角形树洞，现用水泥弥合，民间给这株大的

• 卧佛寺

古银杏树树干

银杏起了个美名叫“怀抱子”。两棵银杏历经千年劫难至今仍枝叶茂盛，超然物外，亭亭云表，确实是大自然的奇观。两棵古树栽种的地方土层深厚，并且在主峰和侧峰的山谷一路，易吸收山泉水，这也是银杏树存活千年的根本。

古银杏树全貌

深秋季节，游客们慕名而来，银杏树镶了金黄色牙边的绿叶完全变成了金黄色，这是另一种炫目的美。抬头望去满树金黄，一阵微风吹过，扇形叶子飘洒而下，如漫天飞舞的金色蝴蝶，飘落于树下，成了一地金黄，为这千年院落增添了别样的美。

千余年来，古银杏树默默守护着一方百姓。在百姓眼里，千年银杏是带来福运的“神树”，对它格外爱护。每月的初一、十五，前来祈福的人络绎不绝，他们捧着香火在银杏树下为自己和家人许下美好心愿。

如今，随着经济的发展，周边的村庄也迁移到新的居住区，村落渐渐消失，古银杏树却依然留存在人们的记忆里。她庄严地屹立在寺院内，见证着时代的变迁，寄托着人们那份浓浓的情感。

古银杏树树牌

卧佛寺石碑

浮来山三教堂古银杏

● 浮来山三教堂古银杏树

在莒县浮来山看罢“天下第一银杏树”，穿过定林寺前厅，拾级而上，绕过几十米曲径，便进入供奉儒、释、道三教始祖塑像的三教堂。三教堂院中生长着一棵干枝挺拔、枝叶茂盛、比较年轻的古银杏树。

说它年轻，是与前院那棵“天下第一”4000 多岁的古银杏相比而言。据考证，它是有 1300 多岁的“唐银杏”，雌性，结果量大，树高 24.6 米，胸径 1.64 米，冠幅 32 米 ×33 米，枝下高 5.6 米。树冠卵圆形，冠幅均匀，长势茂盛。干形通直，干高 5 米，主枝 5 个，分别向南、东、北、东北、西北

● 古银杏树枝叶

● 古银杏树

● 古银杏树全貌

三教堂

5 个方向生长。二次枝 5 个，生长茂盛，两最大主枝先向南倾斜后直向上，北侧小主枝较多，成均衡状，色泽灰褐色，开纵裂，质地较平滑。裸根遍布古树四周，面积约 30 平方米。大树裸露的根隙中又长出了 3 株复干，基部贴母干生长，最大的胸径 0.41 米，高 8 米，最小的也有 0.25 米。另外基部有萌蘖 7 株，与母干的距离为 0 ~ 0.4 米，被称“五世同堂”的公孙树。

一千多年来，古银杏树历经酷暑严寒、风霜雨雪，至今枝叶扶疏，生意盎然，冠若华盖，繁荫数亩，阳春开花，金秋献实。

定林寺建筑雄伟，飞檐螭首，雕梁画栋，轩敞明朗，典雅大方，全寺红墙灰瓦，在古银杏树的掩映下，更加雄伟壮观。它是山东省现存建于南北朝时期最早的建筑。

“大树龙蟠会鲁侯，烟云如盖笼浮丘”，历经数千年岁月洗礼的古银杏树，依然繁茂；校经楼几经沧桑，几度兴废，仍以其深厚的文化底蕴泽被后世。定林寺内，亭阁之间，袅袅佛音，声声钟响，不断诉说着其中的故事……

大沈庄古银杏

● 大沈庄古银杏树

日照市东莞镇大沈庄村有一棵千年古银杏，传说是刘勰亲手所植。古树位于四面环山的丘陵小盆地内，雌株，开花结实均正常，树龄约1500年。树高28米，胸围2.17米，枝下高2.5米，东西冠幅26.7米，南北冠幅22.4米。古银杏树巨伞形树冠稍偏向东，枝叶十分繁茂，树干挺直，色泽呈灰褐色，深纵裂，质地粗

● 古银杏树

● 古银杏树全貌

糙，周围遍布数条凹槽。其北侧 30 米处是终年清泉不断的山溪，充足的肥水资源孕育了古银杏。尽管千百年来它历经风雨，受尽创伤，但在历代村民的接力呵护下，仍枝繁叶茂，展示出强大的生命力。1994 年因进行了人工辅助授粉，年产果实 300 公斤。

相传，这棵银杏树在刘勰生活的时代就已经非常有名了，而当时在村后武山上曾有 5 棵银杏树亦非常粗大茂盛，刘勰去观看时只见那 5 棵银杏树五角对排，参天而立，枝繁叶茂，5 棵树头合在一起，活像一把巨伞。刘勰取出笔墨，在树干上留下了“银杏翠盖”四个大字。可惜的是这五棵树在 1958 年遭砍伐。只有大沈庄的

● 古银杏树枝叶

• 古银杏树树干

● 古银杏树树碑

● 刘勰故里碑

这棵幸运保留了下来，被人们称为“天下第二银杏树”（举世公认的“天下第一银杏树”在莒县浮来山定林寺内）。

大沈庄又称大沈刘庄、沈刘庄等，是一个古老村庄。位于四面环山的小平原上，是千里潍河南源—石河的发源地，自古以来就是“风水宝地”。村南是“文山”，传为纪念《文心雕龙》而名；村北是“武山”，又称“五山”。这里既是我国古代著名文学理论家、《文心雕龙》作者刘勰（刘彦和）的祖籍，也拥有距今约 4500 年历史、新石器时代龙山文化为主的遗存——大沈庄遗址，因此具有深厚的历史文化底蕴和极大的研究价值。

由于村庄历史悠久，大沈庄除了古银杏树外，还有一棵古槐，在刘勰回老家时，已不知长了几载。那古槐盘根错节，几根主枝成环型延伸，里出外拐，环环相扣，犹如数龙追逐嬉耍。刘勰看后给题名“古树盘桓”，成为大沈庄一景。

近几年，因大沈庄独特的人文景观前来考察的专家、学者和游人络绎不绝。在东莞村立有高 5 米的刘勰石雕像；大沈庄遗址的雕像也巍然屹立在刘勰纪念园中，它们与古银杏树遥相辉映，构成一大景观。大沈庄已成功举办多届“刘勰故里文化节”，每年农历三月三在武山举办祈福庙会，四里八乡的人们汇聚在这里欣赏杂技表演，交流民间艺术和饮食文化。这一活动已经成为当地文化生活的名片，享有盛誉。

岁月如梭，历史变迁，千百年过去了，大沈庄古银杏树至今仍枝繁叶茂。每逢深秋季节，游客络绎不绝。高大虬扎的树干下，人们看着万千泛黄如历史纸片一般的落叶，用心聆听它们走过千年的历史故事，心中感慨油然而生。

北汶村古银杏

北汶村古银杏树

古树是一个地域历史文化底蕴和文明程度的重要符号，在莒县洛河镇北汶村有株千年古银杏树，据说在唐天宝十四年（755 年）修建佛塔寺时，此银杏树已成大树，生长在佛塔寺西。后佛塔寺损毁，只留下银杏树。

古树为雌株，树龄约 1200 余年，树高 20 米，胸径 1.69 米，冠幅 24.5 米 ×20.5 米，枝下高 2.5 米。树冠形状为球形，稍偏向西，干形通直，干高 5 米，色泽灰褐色，开裂浅纵裂，质地较平滑，树干稍向南倾斜，树体左旋。有 4 个主枝，侧枝 5 个，树干东北向，离地面 50 厘米处有一高 120 厘米、宽 50 厘米的树洞。

相传，清康熙七年（1668 年），莒县发生大地震，佛塔寺全部倒塌，而银杏树却生存了下来。现银杏树位于北汶村幼儿园内，生长旺盛，枝繁叶茂，村民们

古银杏树树干

古银杏树树牌

古银杏树树干及保护围栏

古银杏树全貌

称为“银杏王”。

每到春季银杏长条吐出嫩绿，绿茸茸一大片；待到叶蕾绽放，蜂儿鸟儿穿梭其中；盛夏时节鸭脚般的叶子挂满枝头，翠绿满冠，像把擎天大伞挡住炎炎烈日；深秋时节，累累硕果挂满枝头，金灿灿的叶子铺满校园，满地金黄。无论哪个时节，银杏树都让这里的师生们流连忘返。每每下课时，这里便成了游乐园，孩子们在古树下撒欢嬉戏，围着古树尽情玩耍，好不热闹。下雨时，孩子们跑到树下躲雨，古树以它宽广的胸怀，成了孩子们的庇护所。

如今，千年古银杏树已经成了北汶村幼儿园特有的符号。它遒劲挺拔的躯干扎根泥土，得天地风云之灵气，享日月星辰之精华，婆娑如盖的枝干拥抱着天空，片片扇叶俯瞰大地，为北汶村校园增添了无穷的生机与活力。

• 莒县洛河镇北汶幼儿园

薛家石岭村古银杏

● 薛家石岭村古银杏树

日照市莒县夏庄镇薛家石岭村（原古刹寺）有一株古银杏树，雌株，树龄约1400年，树高20米，胸径1.66米，冠幅19米×21米，枝下高2米。树冠开心形，稍偏向西南。干形通直，干高5米，色泽灰黑色，稍向西南倾斜，由8个主枝组成，向四周均匀分布，最长枝方向为西南，长19米；最短枝，方向为东南，长10米。由于结果较多，二次枝生长较弱，质地粗糙。树干呈深纵裂，灰黑色，四周有数条凹槽，在100厘米×20厘米×5厘米至180厘米×55厘米×35厘米之间。有裸根一条，直径12厘米，向北延伸6米，深入土壤中。

● 古银杏树树冠

• 古银杏树枝叶

• 古银杏树冠形

● 古银杏树树干

传说，这棵古银杏树栽植于唐初。当时在这个岭顶上建有一座寺院，名曰古刹寺。银杏树在寺院正殿前 15 米处。传说立寺后不久，为了美化寺院，两个和尚徒步来到浮来山，花了两天一夜的工夫从浮来山定林寺里移植了一棵幼小的银杏树苗。曾经的小树苗历经千余载风风雨雨，动乱劫难，以它顽强的生命力在贫瘠的岭顶上茁壮成长。寺院在中华民国期间被毁坏，唯独这棵银杏树在刀光剑影之中昂然挺立，顽强存活下来，不屈地屹立于天地之间，呈现出“不是苍龙，胜似苍龙，古树参天欲化龙”的姿态。

这棵古老的银杏树，从它伤痕累累的枝干中，让我们知道它所经历的苦难，成为沧桑历史的见证。年复一年，日复一日，它阳春吐叶、开花，金秋奉献累累硕果。让人感到惊奇的是，近年来树干也常生叶、开花、结果，这简直是一个奇迹。古老的银杏树，在人们的呵护下，长得枝繁叶茂，生机盎然，更加焕发出活力和光彩。

北黄埠村“夫妻银杏树”

位于莒县招贤镇北黄埠村的夫妻银杏树，树龄1200余年，两树南北并列，相距4米，一雌一雄，一大一小，真乃大男小女夫妻树也。南株为雄树（那棵又高又粗大的），不结果，胸围4.5米，干高6米，树高约24米，树冠约300平方米，呈扇形，树身挺拔，枝繁叶茂，生长旺盛；北株为雌树，胸围2.45米，干高3.8米，树高约20米，树冠约80平方米，呈塔形，树干直立，年年果实累累，因每年采摘果实，短枝多折，树叶稀疏。

关于这对夫妻树，当地流传着这样一段传说：初唐时期，罗成、谢映登的兵马剿完寿圣寺的罪僧后收兵回营。走到红土埠北端岭下，见一小村落，西边是袁

银杏雄树

银杏雌树

公河，树木郁郁葱葱；东边是土岭，岭上岭下遍是野花，像一座风景秀丽的大花园。其中一住户为四合套宅院，坐北朝南，门前有两株白果树。罗成就此下马，将马拴在白果树上，想去出恭。正在这时，有位老者开门，看到有人拴马，定睛一望，高声喊“罗贤侄到了，快，快进屋一叙”。

原来，这位老者姓陈，在京里做官，与罗成相熟，并叔侄相称。因年事已高，告老还乡，在此居住，人们都称他陈员外。所以这次相逢，十分亲热，礼毕，互让进屋。

陈员外得知消灭了罪僧，胜利回师，甚是高兴，于是就在树下设宴庆贺。将士们喝得很是畅快，罗成喝至酣时，忽见墙上挂一支竹箫，忙取下吹起来，优美的旋律引来了一凤一凰，这真是：箫彻袁公河，声和凤凰舞。花盈土岭堙，香引蝴蝶飞。凤落雌株，凰踏雄株，随着箫声翩翩起舞，众鸟也飞来捧场助兴，形成了百鸟朝凤的壮观场面。罗成看着看着，拍手叫好，忘记了自己是吹箫人，欲拍手，箫落地，凤凰一惊，像两支带有彩绸的飞箭，直奔东岭顶去了。所以，直到现在人们把这两株白果树叫夫妻银杏树，把东岭叫凤凰岭。有歌为证：

袁公河畔北黄埠，凤凰岭下夫妻树。
当年罗成曾拴马，吹箫引来凤凰舞。

如今这对夫妻银杏树相扶相携走过千余载后，仍比肩而立，伫立在这片土地上，默默守护着一方百姓，传承着古老的美丽的故事，任由后人评说。

“夫妻银杏树”全貌

仕阳小学古银杏

• 仕阳小学古银杏树

• 仕阳小学

• 古银杏树树干

莒县招贤镇仕阳小学（原石佛寺）内有一株千年古银杏树，雌株，树龄约1400年，树高19米，胸径1.30米，冠幅18米×14米，枝下高2.5米。树冠卵圆形，稍偏向南，树体左旋，枝叶旺盛。干形通直，干高10米，色泽灰褐色，浅纵裂，质地较平滑；树干东北侧有一处高3米，宽0.20米，深0.4米的凹槽。树冠由10个主枝组成，向四面八方生长。最长枝，方向北，长11米；最短枝，方向东，长8米。侧枝14个。

据清康熙五十年（1711年）重修碑文记载，石佛寺建于南北朝时期。1400多年来，此树历经劫难。宋末元初，石佛寺遭元兵火焚，银杏树遭灭顶之灾，主干被烧毁。之后从根部周围发出树枝，其中东西两株并肩生长，逐渐结为一体，形成双心树，成为双胎姊妹。另据碑文记载，康熙五十年、同治年间、中华民国

● 古银杏树全貌

九年，分别遭遇火灾。20 世纪 50 年代，一村民又在树的缝隙中火烧马蜂窝，随之起火，多亏救火及时才免遭火焚。

千年的古银杏“状如虬怒远飞扬，势如蠖曲时起伏”，姿如凤舞，气若龙蟠，历经千余年的风风雨雨，依然生机勃勃，枝繁叶茂，夏季苍翠如盖，深秋华丽辉煌，硕果累累。它默默见证着历史的变迁，静静守护着这片热土。

● 古银杏树

净土寺古银杏

• 净土寺古银杏树

莒县碁山镇位于莒县西北部，北倚莒北第一高峰——碁山，南临玉带沭水，境内山峦起伏、俊峰相接、树古林茂。绣珍河、茅埠河南北纵贯，沭河自西南绕东，三河相间，水流经年不断，如一条条透明的缎带缠绕在莒北大地。

据记载，在碁山镇政府驻地西北 3 公里处，原有一座流传千年的古寺——碁山寺。有碑载，碁山寺又名净土寺，始建于唐太和年间，距今 1200 余年。为象征佛寺长盛不衰，山门内东西各植有一棵银杏，在僧侣们的管护下，树长得很旺盛，到元代已成为大树。

两株古树相距 10 米，树龄约 1200 年，土壤肥力中等，其中，东边为雌株，树龄约 1200 年，树高 15 米，胸径 70 厘米，冠幅 15 米 ×16 米，枝下高 5 米。树冠扁圆，偏向北，因结果较多、多处树枝被压断。干形通直，干高 5 米，灰褐色，开裂浅纵裂，质地较平滑，树干西南侧有一处高 1 米，宽 0.15 米的树洞；西边为雄株，树高 16 米，胸径 1.1 米，冠幅 16 米 ×14 米，枝下高 7 米。树冠广卵形，稍偏向西。干形通直，干高 7 米，色泽灰褐色，开裂块状纵裂，质地较平滑，树干呈块状纵裂，干稍向西南倾斜。西北侧从地面向上约有 1.5 米处没有树皮。西侧这株雄性银杏树授粉半径达 60 公里，庞庄、浮来山等雌性银杏树都是靠这株雄性银杏树授粉结果。

据当地老人介绍，这两棵银杏树被称为“树神”“夫妻树”，其生长的地方，当地称为碁山寺村，该村现为卜家庄子村管辖。在碁山寺村，现在仍然有几位老人居住，他们种地、采草药，过着安静、与世无争的山村生活。每年到了秋天银

古银杏树干枝

● 古银杏树全貌

杏成熟之际，周边村庄的村民会前来捡拾银杏果，晒干了之后烤熟食用。

碁山寺经元代皇庆年间和明代嘉靖年间两次重修，使其成为莒北一带的名寺。当时寺内有大雄宝殿、葛仙祠关公殿、禅室、山门等。因其“晨鼓暮钟”与其他寺庙不同，所以在明初“山寺晚钟”成为城阳外八景之一。

从该寺遗留的蟠龙赑屃碑看，蟠龙赑屃雕镂精细，碑文因风雨剥蚀，大部分难以辨认，但从“皇帝万岁，太后千秋，金枝玉叶”“天眷宫妃，暇时前来”等字句看，此寺应是皇室成员佛门修行的替身寺庙，足以说明当时寺庙的规模及香火之盛，留下了许多佛教思想及文化的印记。因佛寺在清代被毁，虽在同治年间又经重建，但规模比以前小了许多。现虽已是断壁残垣，一片颓败，但其历史价值不可否定。这些历史的根基孕育着现代发展的力量、精神和魂魄，犹如那古老银杏树的老根，新的银杏树无论多么生机勃发，都是对祖先的传承一样。南面庙基被拆，造成水土流失严重，银杏树长势渐弱。目前古树由居委会管护。

● 残碑

年代久远加上多次大规模的整修使古银杏树更加具有传奇色彩。如今，古树更被人们视为“神树”，每年的正月十五、三月三庙会之日，古树枝条上都挂满了用以祈福的红丝带，据说还颇为灵验。若到深秋时节，金黄色的银杏树叶在夕阳的照耀下，美妙绝伦，更是让人觉得恍如仙境，如痴如醉。

早些年净土寺人迹罕至，只有周围村民常来烧香祈福，如今反倒常见寻访之人。老人讲，口口相传的净土寺故事可以追溯到唐代，寺中住持是一位唐代皇帝的异姓皇叔，因看不惯当朝腐败，辞去王位隐居于此，积德行善，修庙建寺，终日与青灯黄卷为伴。若干年后圆寂于此，皇帝敕封“御葬”。传说寄托着千年来人们最朴素的情感，却早已不可考。

现在，在这两棵银杏树中间，当地人们还为其建了一座小庙，经常有人来求平安、求事业、求学业。还有母子、父子不和，或者性格相克的，会前来认银杏树为“老爷老娘”，求银杏树保平安，永不犯拗。

一千多年来，净土寺经多次重修，至今只剩下断壁残垣。这两棵古银杏树在遭遇了自然和人为因素损害后，仍然执着顽强，苍翠如盖，活成了一棵树该有的样子。

庞庄村古银杏

庞庄村古银杏树

古树作为活的历史见证，能够比古建筑更加鲜活地传递古老的信息。在莒县碁山镇庞庄村中，有一株树龄达千年的古银杏树，它见证了北宋庞氏一族的兴盛和衰落。

古树位于村子中央，树冠像硕大的伞盖，庇护着古村落的芸芸众生。据了解，这株古树植于北宋年间，雌株，树龄 1000 余年，树高 15 米，胸径 1.95 米，冠幅 28.4 米 ×24.6 米，枝下高 4 米。树冠形状扁圆形，树冠庞大略偏向南，断

古银杏树鸟瞰图

● 古银杏树树枝

● 古银杏树树干

● 古银杏树保护泥

枝较多，干形通直，干高 14 米，色泽灰褐色，开裂深纵裂，质地粗糙，表皮纵裂较深，最深处达 8 厘米，树干通直向东南微倾，顶端三条枝干蜿蜒向上生长，远远望去，似是向天空无限探索、延伸着。

莒志载："宋天圣年间，旁氏立村"。据传，北宋初年，太师庞文获全家抄斩之罪。其一庶出之子，带幸免于难的家人逃难。经一个多月的昼宿夜行，逃到了莒县北乡，驻足一打听，此地距东京汴梁已有数千里之遥。此地已是人地两生，无人知晓庞氏为在逃的罪犯。庞氏见此地不仅水美田沃，而且人们善良淳朴，觉得到了安全避身之地，就此定居下来。置些田产，过起了日出而作、日落而息的

● 古银杏树树冠

田园生活。由于人口繁衍，人户渐多，村子遂以姓氏命名为庞庄。后庞氏日子越过越好，不仅盖起了深宅大院，而且在宅舍之后建了一个大花园。花园内除栽植花草外，还栽了一棵银杏树。明代中期，管氏、王氏迁此居住，庞庄已扩展为数姓居住的大村庄。银杏树也已长成两个成人才能搂抱的大树，枝繁叶茂，果实累累，当地居民把这株银杏树视为家族兴衰的象征。

目前，古树有一些很明显的断枝，且古树周围未设防护栏。据相关工作人员介绍，缺乏资金是困扰古树保护的最大瓶颈。当地村民视古树为“守护神”，每逢初一、十五都会有很多村民过来烧香祭拜、祈福。

古树经历了朝代更迭、世事沧桑后，如一本厚重的书籍，写满了关于历史的珍贵记忆，是留给后人无比珍贵的遗产。

12 >>>

临　沂

1. 孔庙古银杏
2. 诸葛城村鸿福寺古银杏
3. 娘娘庙古银杏
4. 甘露寺古银杏
5. 后道口村古银杏
6. 东庄村古银杏
7. 文峰山古银杏
8. 清泉寺林场古银杏
9. 南刘宅子村古银杏
10. 南竺院村古银杏
11. 麻店子古银杏
12. 冠山古银杏
13. 战工会旧址古银杏
14. 观音寺遗址古银杏
15. 灵泉寺古银杏
16. 圣水坊古银杏
17. 丛柏庵古银杏
18. 苑上村古银杏
19. 城阳村古银杏

孔庙古银杏

● 孔庙古银杏树

临沂市兰山区孔庙内有两株千年银杏树，位于孔庙大门内侧，东为雄株，西为雌株。雄树树高 40 米，直径 2.7 米，每年的三四月，花开繁盛，但只是谎花，不结果；雌树生长旺盛，树高 19 米，树围约 3.92 米，冠幅 12.7 米 ×15 米。雌树植株远远矮于雄树。

● 西侧古银杏树

● 古银杏树树冠

这两株古树，像一对长相厮守的夫妻，枝叶相握，交互缠绵，虽历经千年风霜雨雪，仍泰然自若地散发着威严与生机。仔细地看，一树沧桑，树身上每一道皱纹都写满故事。雄树树围近 10 米，树干分枝处，枝丫间长了枸杞。秋天，红红的枸杞果子，很是抢眼。而树干里还抱着一棵枯死的松树，树纹道道筋骨，一看就与银杏大不相同。这里究竟发生过怎样神奇的故事，谁也不清楚，只有这些树明白。这两棵树，都枝繁叶茂，苍翠葱绿，蓊蓊郁郁。在树下踱步徘徊，轻抚树干，历史仿佛从眼前滚滚而过，淡泊宁静的心就会从中感受到中华根脉之源远流长。

树后两侧是厢房，正对着的是大成殿。绕过大成殿，殿后一个亭子，上书“集柳碑亭”，便是柳公权的书法了。碑上的每个字均挺拔俊秀，游客观后内心禁不住赞叹这书法之美。

• 东侧古银杏树全貌

东西两侧古银杏树枝叶相交

东侧古银杏树树干

孔庙位于临沂市兰山路中段北侧，与王羲之故居相距很近，一南一北遥相呼应。孔庙原是建造祭祀、纪念孔子的，又叫文庙，尊儒尚文，历史可查建于宋代，靖康之变毁于一旦。金代选址于此重建，明清历经 10 次大的修葺修建。中华民国三年（1914 年）9 月为尊孔而改为“孔庙”。1948 年临沂城解放后，孔庙保存大体完整。自 1982 年起，省、市人民政府对孔庙进行了 3 次维修，1992 年 6 月，山东省人民政府将其公布为省级重点文物保护单位。孔庙大门二字采用隶书，书于蓝底牌匾上，方正圆润，让人觉得沉静从容。

花开花落，岁月如河，孔庙、古碑、古老的银杏，这片沃土使我们从中感受到的是历史的厚重和传承，感受到中国传统文化之博大精深，源远流长。

孔庙

诸葛城村鸿福寺古银杏

• 诸葛城村古银杏树

据资料记载，临沂市兰山区诸葛城村东原有一古寺，名为鸿福寺，寺内有一株千年古银杏树远近驰名。

古树为雌株，树龄约 1700 年，树高 29 米，胸径 3.21 米，胸围 10.08 米，大约需要八九个成年人手拉着手才能围一圈。冠幅 20.9 米 ×21.7 米，8 个复干，9 大主枝。侧枝伸向四面八方，遮阴 600 多平方米。复干与母干合生，已经不易分辨。树干空洞有水泥加固，古树下有水泥柱支撑。主干及复干基部萌生数以百计的萌条，离树干距离 0 ～ 1.5 米。结果较稀疏。该树多代复干合生，母干桩高 3 米，形成较大的树椅，其上可以放一张八仙桌饮酒或打牌。2004 年，几个顽皮的孩子在粗大的树洞里塞上麦秸草，然后点上火燃烧起来，所幸被附近的村民发现并及时灭火，才使这棵

• 古银杏树全貌

古银杏树幸免于难。该树对研究山东沂河两岸银杏的历史及起源具有重要意义，现已被临沂市政府列为重点保护对象。

古树给人们带来了无可替代的欢乐。一到夏天，绿荫伴着清凉的沂河风，成为人们休闲乘凉的绝妙胜地。岁月侵蚀，树干中空，阴天下雨时常有古码头渡河之人洞中避雨，好不惬意。更有二三顽童，放学归来，洞中捉迷，欢声笑语，使老树青春焕发；时常也有四五游客，以树枝为椅，围桌而坐，树上小憩，或品茶，或酌酒……甭先谈其雅与不雅，但自寻其趣也可谓兴致大发，好不快哉。由于银杏树长于河岸，光照充分，水分充足，加之鸿福寺之灵气，银杏叶阔而厚重，馨香无比，沁人心脾，拾几片热水冲服，尚有润肝祛火、通络经脉之效。游子远行，拾几片随身携带，更有除

前期烧毁的古银杏树树干

古银杏树近景

● 鸿福寺寺院

晦辟邪，福运相伴之说。每当秋风至，落叶沙沙，一地黄金，恰与千年古银杏相邻的沂河碧波相映，美不胜收，妙不可言。

鸿福寺建寺年代久远，曾发现清嘉庆二十一年（1816 年）立的鸿福寺碑，上书“沂郡东北中邱城东有鸿福寺院，创建于唐……”等语。据记载，1880 年，由村人张来运法师牵头，广大村民捐资第一次修复。1940 年，村民捐资再次修建，“文化大革命”期间被破坏拆除殆尽。

几十年来，虽然鸿福古寺已不在，但在古银杏树附近，还有大大小小的银杏树、古侧柏上百棵。地上随处可见的小块碎青石，向世人无声地诉说着那段来自远古的记忆，残缺的青石碑上部分字迹清晰可见，断断续续地展现着属于鸿福寺的完整历史。两尊保存完好的石狮子也在 2003 年不幸丢了一尊，现在仅存的一尊石狮子头部略有残损，牙齿采用平面线刻，与一般寺庙所见石狮不同。石狮子雕刻清晰的纹路在岁月的侵蚀中更显得苍劲有力，古朴庄重。

附近的老百姓每逢初一、十五和重大节日都要到这里拜佛祈福，许多远方的游客也纷纷慕名前来与古银杏树合影留念。尤其是每年农历四月十五日的诸葛庙会，更是香客云集，人山人海。

诸葛城原名中丘城，因诸葛亮在此屯兵而更名。当地人流传“先有鸿福寺，后有中丘城”，足以证明古寺之悠久。鸿福寺占地百余亩，建筑气势恢宏，主殿为佛爷像殿，十八罗汉塑像神态各异，栩栩如生；东侧殿为龙王殿，供奉东海龙王，殿前两株侧柏为国家稀有珍贵树种；西配殿为惊世殿，塑有邪恶之人地狱受苦之状，那严厉的酷刑及受刑人的神态令人毛骨悚然。

如今随着临沂市行政中心的北移以及沂河两岸道路的修建，原来离城三十多里的鸿福寺如今已经近在咫尺。为了弘扬传统文化，促进当地的旅游业发展，临沂市政府于 2011 年开始对鸿福古寺进行重建。鸿福寺成为山东省境内最大的佛教寺院之一。

新落成的鸿福寺大雄宝殿，已经矗立在绿树丛林中，大殿的东南侧古老的银杏树依旧耸立沂河之滨，给鸿福寺增添了壮丽色彩。高大伟岸的银杏树已经用石栏杆围起来进行保护，曾经岌岌可危的粗大的树枝，如今已经用 9 根高低不同的云纹柱进行保护性的加固，防止它从老树主干上断裂。

距离古树十几米外有一株三四米的幼小银杏树，据承建该寺院的刘女士介绍，2004 年古树遭遇火灾后，有一次刮大风，从大树上刮落一截树枝，被附近村民拉回家中，这截树枝却顽强地活了下来。她听说后找到那户人家把树要来栽到了这里，没想到这截树枝居然长得枝繁叶茂，每年与古树一起发芽，一起开花，一起变黄，一起落叶。如今这棵小树也已结果。

鸿福寺新建的大雄宝殿雄伟壮观，古老的银杏树，每到秋天叶落满地金的景象瑰丽夺目，成为当地的著名景观。

水泥加固支撑古银杏树

娘娘庙古银杏

● 娘娘庙古银杏树

临沂市兰山区庙上村娘娘庙现有一雌二雄 3 株古银杏树，据历史记载，三株古树已有 1300 多年的树龄，1983 年被列为市级重点保护文物。

雌株生长在娘娘庙大殿的正前方，树龄 1300 余年，树高 15 米，胸径 1.23 米，冠幅 19.8 米 ×21.5 米，枝下高 3.1 米。该树生长一般，树冠顶部较平，呈纺锤形，树形优美。主干挺直、粗壮，基部有瘤状突起，分枝处略粗。有 4 个主枝，侧枝 10 余个，均生长于主干 3 米以上，分布均匀。根系裸露，高出地面最高达 10 厘米，向外延伸达 3 米，盘根错节，甚是优美。树周围空间开阔，无杂草乱石，果实成熟期不允许打果，能够得到很好的保护，生长环境良好。

● 古银杏树全貌远景

雄株，树龄约 1300 年，树高 19.5 米，基径 2.87 米，冠幅 19.6 米 ×20.6 米，枝下高 2.5 米。树势

古树名木
银杏树
银杏树又名公孙树，俗称白
果树。它是我国乃至世界上的珍
贵树种之一；还是活的历史见证。
我寺庙现存二雄一雌三株，
据历史记载，至今已有一千三百
多年的树龄，并于一九八九年被
列为市级重点保护文物

古银杏树主干

• 古银杏树全貌近景

● 古银杏树

衰弱，树冠倒塔形，庞大。主干中空，由3个大干组成，3主干直径平均1.11米，均有劈裂迹象，东南方向主干干枯较重。主干2米以下树皮脱落严重。有大的侧枝4个，小侧枝近10个，在三大主干上分布均匀，北侧分枝向东延伸达13米。根盘较大，根桩上有萌蘖15株，贴母干生长。部分根系裸露，高出地面15厘米，向外延伸达4米。该树位于娘娘庙院内东侧，靠近娘娘庙庙堂，建筑多，空间小，焚香频繁，环境较差，树势濒危。

另一棵雄株位于娘娘庙院外，干围8.2米，树况不佳，已几近枯死。

娘娘庙长10.6米，宽9.4米，该庙门朝东，意在龙女观海。庙前原有柳毅庙、关帝庙、钟楼、戏台等建筑，为市级重点文物保护单位。传说娘娘庙里的娘娘是东海龙王三女儿，小龙女因为思念东海，所以一夜之间娘娘庙的正门改头朝向了东，东海龙王说女儿所待的地方是个好地方，只是每年银杏成熟时果子落在地上太臭了，所以就让这棵银杏树从此以后只开花不结果了。

据《临沂县志》记载，娘娘庙建于宋元丰年间，本祀山神及其夫人，后讹传为柳毅龙女，素呼为娘娘庙，后明、清重加修缮。该庙为面阔三间，歇山式顶门向东。据传曾被当作当地学生上学的一处所，毁于“文化大革命”时期。

甘露寺古银杏

• 甘露寺古银杏树

临沂市兰山区官庄村甘露寺古银杏树，雌株，树龄约 1400 年，树高 19 米，胸径 1.1 米，冠幅 12.2 米 ×11 米。树冠偏向西北生长。该树位于甘露寺大雄宝殿前，主干上部枯死，仅存活 3 个大侧枝，其中一个侧枝被水泥柱支撑，另一侧枝顶端枯死，结果较少。枝下高 2.8 米。主干 3 米以下 50% 树皮腐烂，被水泥填补加固修复。

• 古银杏树树干

• 甘露寺大雄宝殿

● 古银杏树全貌

古银杏树

甘露寺位于临沂市朱保镇境内，始建于南北朝，占地四周方圆40余亩，其中寺庙占地20余亩。乾隆下江南途经沂州适逢干旱，到甘露寺膜拜时，见寺周围露雨蒙蒙，云雾缭绕，故赐名甘露寺。寺院坐落于临沂城西龙盘圣地，左有青龙沂沭河似巨龙腾跃，右有白虎岐山雄踞，前有艾山朱雀展翅，后有蒙山大顶天池玄武水泽，是继泰山圣地又一奇特的地域，且有艾山仰卧龙女千丈法身，昭示于世。

该寺为区级文物保护单位，虽规模不大，但所供奉菩萨俱全，成为当地人们祈福的重要场所。千年古银杏亦成为人们在祈福之余不可错过的观景之地。

• 甘露寺

后道口村古银杏

后道口村古银杏树

后道口村古银杏位于临沂市经济开发区梅家埠街道，树龄1300余年，树冠近塔形，庞大，部分树枝干枯。主干粗壮，树高25米，胸径2.16米，冠幅12米×13米，被列为临沂第一批古树名木，保护级别为一级。

这棵千年古银杏树，曾经一度濒临死亡。2014年，古银杏树周围大规模开发建设，挖水沟时挖得离树太近太深，古树的根遭到了不同程度的破坏，加之当年气候干旱少雨，致使该树生长缓慢，树势明显衰弱，树叶片少而黄，部分枝条干枯。该村村民对它有着很深的感情，都感到很揪心，向相关管理部门反映后，引起了开发商和林业部门的高度重视。后经济技术开发区管理委员会邀请园林专家对古树进行诊断，采取了系列措施积极进行抢救，濒临死亡的千年古银杏树重新焕发生机。目前，该树长势良好，姿态优雅、美观，每年都挂果。

古银杏树全貌

据村里老人讲，抗战时期，日军曾想砍倒这棵树，不承想大刀落下，树干“鲜血”横流，后改用火烧，最终也没能让这棵树倒下。

在当地人心中，这棵古银杏树是祥瑞安康的“神树”，对古树十分虔诚和敬重，每逢节日，村民们都会自发组织来到古树前，在树枝、树干和围栏上挂上红丝带、许愿牌，祈求风调雨顺，家族兴旺安康。正如古树的树牌所述，古树历经唐、宋、元、明、清五朝风云洗礼，千年兴衰变迁，始终不改生命本色。在这千年时光里，古树始终福泽一方百姓，给人们带来美好福祉。

● 古银杏树及树碑

东庄村古银杏

● 东庄村古银杏树

东庄村位于郯城县重坊镇河堰内天齐庙遗址（现已建风景园区），雌株，树龄 1000 余年，树高 9 米，胸径 1.20 米，冠幅 10.8 米 ×9.7 米，枝下高 1.8 米。该树生长旺盛，树冠形状不规则，东侧小于西侧。主干挺直、粗壮，在 1.1 米处分为两主枝，一主枝向东延伸，另一主枝直立生长。有萌蘖 20 余株，位于树体北侧，与母干的距离为 20 厘米。该树东侧分枝被支架支撑，树前立有一石碑，刻有“百年好合”字样，在其左侧不远处有一株银杏幼树，枝繁叶茂，与古树枝叶相握，远远望去两树树冠融为一体，苍翠一片。

● 古银杏树全貌

• 百年好合树碑

进入园区牌坊大门建有一座白色宝塔，曰福寿塔。福寿塔东西两侧各生长着龙、凤两株银杏树，虽不足千年亦是几百年的古树，东雄西雌隔着宝塔遥遥相望。西侧凤树主枝枯死，树干中空，但在仅靠树皮供养下侧枝依然生机盎然，硕果累累；东侧龙树傲然屹立、嫩绿苍翠，充满生机，走近细看时会发现树中还生有柏树，是银抱柏。村民们说这棵树结的果子吃起来散发着清雅馨香的松子味。

据记载，此地历史上的天齐庙，始建于东周末年，寓意与天同高，民间也有“寿与天齐，仙福永享”的说法。大殿内供奉黄飞虎及其子：黄天化、黄天禄、黄天爵 、黄天祥，东殿供奉太上老君、西殿供奉女娲娘娘。另外还有三皇殿、三教堂、地藏王殿、子孙娘娘殿、天齐娘娘殿等殿堂。原址占地 150 余亩，旧时庙

• 牌坊

内古木参天，碑石林立，香火旺盛，游人如织。现在留存的只有庙前的两棵神奇的古银杏树，映衬着当时天齐庙的繁荣。

近年来，重坊镇镇政府加大了对古树的保护力度，修建围栏并围绕古树进行环境美化，文化开发，在古树周围修建了福寿塔、石桥等景点，将古树所在的园区打造成了银杏生产示范景区，此处渐已成为人们放松休闲的好去处。

• 福寿塔东西两侧龙、凤银杏树

奇觀引

文峰山古银杏

• 文峰山古银杏树

临沂市兰陵县文峰山景区内有两株千年银杏树。西雄东雌，相距 9 米。树龄据推测，西株雄树约 2500 年，东株雌树约 1300 年。雄株树高 13 米，胸径 2.17 米，冠幅 13.6 米 ×13.6 米，枝下高 4.5 米。该树生长旺盛，树冠顶部较平，形状不规则，东侧大于西侧。主干挺直、粗壮，西侧从基部开始腐烂形成底径为 0.6 米的树洞，主干基本中空，周围有 3 个支架支撑。有 2 个主枝，侧枝近 10 个，

• 古银杏树

• 古银杏树树碑

• 古银杏树全貌

枝叶正常，生长较旺盛。雌株，树高 17 米，胸径 1.44 米，冠幅 16.6 米 ×16.6 米，枝下高 3.8 米。该树生长旺盛，树冠长椭圆形，树形优美。主干挺直、粗壮，在 3.8 米处有 3 个主要分枝，均较粗壮，侧枝近 10 个，在主枝上分布均匀，生长旺盛。该树枝叶正常，结果量大。两树枝丫交错，互为连理，彼此相依，俗称“情侣树”，虽经千年风霜仍根深叶茂，从远处看不分彼此，非常壮观。

文峰山位于兰陵县城西部，地处苏鲁交界，东靠临沂，西临枣庄，南接徐州，北望泰山，海拔 234 米，是国家 AAA 级旅游景区。文峰山又名鲁卿山，原名神峰山，因鲁国执政大臣季文子设兰陵为次室邑，在此执政期间，清正廉洁，勤政为民，去世后葬于文峰山，后人为纪念他，把“神峰山”改为“文峰山”。文峰山文化源远流长、底蕴深厚，人文、自然景观俱佳，有“鲁南小泰山”之称。山上古树参天，怪石林立，盘道蜿蜒，风景秀丽，气候宜人。

据 1935 年范筑先主编的《续修临沂县志》记载：“县境西南诸山以文峰为最，在古鄫城之西，高不过五、六百丈，而望之如千岩万壑者，然由山前上行里许，即下庙之庙门左右银杏树各一，高三丈，粗数围，枝叶扶疏，古丈参天。清光绪初，右株焚于火，焦灼无生气，数年后忽生蒂，今已畅茂如故矣。”

西株为季文子卒年所栽。季文子，即季孙行父，春秋鲁国大夫，曾在文峰山办书院讲学，死后葬于文峰山，山上有季文子墓。以此推算，银杏树龄已达 2500 余年。现此树枝叶茂盛，树冠与东株交叉相连，形成遮天蔽日之势。

● 牌坊

东株为唐朝年间补栽，距今已1300余年。两株银杏，一雌一雄，在文峰山风景区相依而生，像一对老人，历经沧桑，饱览人间春色，让后人称绝。

文峰山，同时是重要的革命纪念地，是抗日战争、解放战争时期重要的根据地和主战场，是山东红色旅游的重要区域。山上有银厂惨案烈士纪念碑、中共鲁南区委书记赵镈烈士墓、山东省军区八师政治部主任曾明桃烈士墓和“苍山暴动”领导人郭云舫烈士墓。鲁南革命烈士陵园就坐落在山南脚下，园内建有鲁南革命纪念馆，馆后为烈士墓林，墓林后建有革命烈士纪念碑一座。

古老的银杏树，以它不屈的姿态，见证着这片土地上曾经的腥风血雨，见证着老区人民不屈不挠为获得民族独立、人民解放而做出的巨大贡献，只因有了这些可爱可敬的人民，中华民族才得以兴旺发达，人树相佑，生生不息。

鲁卿正殿

清泉寺林场古银杏

清泉寺林场古银杏树

清泉寺千年古银杏树位于郯城县清泉寺林场内，雄株，树龄约1300年，树高12米，胸径1.05米，冠幅16米×15米，枝下高3.4米，生长旺盛，树冠塔形，树形优美。主干挺直、粗壮，3.4米处分为两个主枝，侧枝共8个，东侧一侧枝向东伸展达7米。基部有萌蘖20株，均较小，贴母干生长。该树位于清泉寺林场内一高出地面的土台上，现已经用水泥修建围栏。

古银杏树主干

古银杏树树牌

● 古银杏树全貌

古树所在的清泉寺是佛教寺庙，原叫白云寺，供奉佛像、十八罗汉等。寺院建筑和东西廊房全系红石，屋宇是山红草缮顶，“文化大革命”期间被毁。现存有明万历五年“重修云门寺记”石碑 1 幢，古银杏 1 株。

关于清泉寺还有一个传说。据说清朝中期，白云寺里有一个和尚，叫李清泉，此人很有胆识，说到做到，他曾对天许愿：“总有一天，我一定要化个铜头铁身的菩萨神像供养在白云寺，以受人间香火。”

• 清泉寺

• 清泉寺牌坊

这一年，他化缘到了北京城，见到了皇帝，对皇帝说：“我想为皇上化一个铁菩萨在白云寺。”皇帝夸他很有作为，传旨请铁匠连夜打造，三天三夜的工夫打造完毕，皇帝问和尚：“是水路运回呢还是走旱路运回？”李清泉回答：“回万岁，我愿背着他走。”“啊！这么沉的铁菩萨，你驮得动吗？”“驮得动。”李清泉说着来到铁菩萨跟前，把身上准备好的纸拿出来烧了，磕个头，他真背起来了，接着走下金殿，出了北京，直奔山东而来。一路饥餐渴饮，晚住早行，一日来到泰山脚下，铁菩萨一抬头，见泰山顶上是楼台殿阁，香烟缭绕，就动心了，眼看天色不早，李清泉放下菩萨住下了。到了夜半子时，李清泉恍惚之间看见一个金罗汉向他走来，到了床前停住，口念："阿弥陀佛，李师父感谢你的大恩大德，给我找了一个好去处，恕小神不恭，我要上山了。"一阵清风而去，等李清泉一觉醒来，原来是个梦，这时天已放亮。起来吃完早饭，他来到铁菩萨跟前，再想背着走时，可怎么也背不动。李清泉一气之下，自己回到白云寺，收徒弟耕种山地，积蓄了大量的钱财，请来能工巧匠，把整个寺院重新建造，整理得跟大花园一样，从此远近各处前来烧香许愿、游山观水的人一天比一天增多了。李清泉死后，徒弟们为了纪念师父，为他竖了一块石碑，把他一生的事迹刻印在石碑上，并把白云寺改为清泉寺。

清泉寺林场位于郯城东北部马陵山一带，始建于1957年，总面积24460亩，林地面积21104亩，全部为生态公益林，森林覆盖率达到86.28%。该处地貌类型多样，具有明显的低丘特征，土壤种类单一，大部分为沙质页岩发育而成的林地棕壤。四季分明，气候宜人，主栽树种为黑松、赤松、侧柏、银杏、水杉、刺槐、枫杨、楸树等，植被覆盖率达到90%以上。2002年清泉寺林场区被列入国家重点生态公益林保护区，享受国家生态公益林补助。2003年在原有清泉寺林场的基础上，经林业部批准成立省级国家森林公园。

清泉寺林场历史名胜和自然资源比较丰富，特别是马陵古战场遗址、清泉寺、碧霞祠遗址、跑马岭、老虎崖、古代生物化石等。林场东傍沭河，水资源丰富，有较大的开发潜力。此外，林场所处的马陵山山脉地处郯庐地震断裂带，地热资源十分丰富。

古树生长于斯，自然资源、人文环境均得天独厚。

南刘宅子村古银杏

南刘宅子村古银杏树

古银杏树全貌

南刘宅子村位于郯城与兰陵两县交界处的胜利镇以南。古银杏树生长于武河桥南500米金钩湾内，雄株，树龄1260余年，树高25米，胸径1.9米，树围6.5米，冠幅19米×16米，枝下高4.2米。生长较旺盛，树冠阔塔形，庞大，较优美。主干挺直、粗壮，树干较光滑，有较多瘤状突起，西侧从基部开始劈裂，裂口最宽达40厘米。有4个主要分枝，均较粗壮；侧枝较小，基部和树体北侧树皮脱落严重，主干分枝处有树洞一个，直径达60厘米。有分枝7个，均从主干4米处发出，以东南侧分枝最为粗大，部分侧枝分枝处萌生大量的小枝条。

传说古银杏树原生长在三官庙院内，位于古庙南侧。三官庙，始建于汉朝。1668 年 7 月 25 日晚在山东郯城发生了一次旷古未有的特大地震，震级 8.5 级，是有史以来我国东部破坏最为严重的地震。大地震后，一切成为瓦砾，唯有银杏树仍然耸立。后有徐氏望族在银杏树南侧重建了碧霞祠、三官庙。新建的三官庙

● 前期古银杏树主干

● 古银杏树近景

有大殿三间，东西耳房各两间，东侧配殿钟鼓楼、三间展厅；西配殿供送子观世音菩萨，前殿供三观。其建筑规模宏伟，气势不凡，青龙腾云、霞雾升腾，平常烟雾缭绕，常年香火旺盛。1958 年，碧霞祠、三官庙在破“四旧”时被拆除，其中的砖石用于建造当时的公社会堂。

武河上的古洛阳桥是东西往来的主要交通要道——郯城到兰陵必经之路。关于古洛阳桥来历有一个传说：汉朝时，刘羡、刘琬两兄弟为刘秀的后人，分别任东海国（今郯城）与平原郡（隶属青州）的藩王（东海国、平原郡相当于现在的省，直属中央集权，为汉朝皇族子弟的封地）。刘羡、刘琬兄弟情深，有一次，洛阳侯刘琬回洛阳都又经东海国，与兄同往，途经银杏古树下，来碧霞元君祠、三官庙上香祭拜。因由武河乘渡船，多有不便，洛阳侯刘琬便提议东海郡王一并捐资兴修武河桥。地方百姓积极响应，出力出粮修桥，桥修好后既方便了客商，也造

千年老神树

郯城县胜利镇南刘宅子村，原寺庙遗址的一株古银杏树始于唐朝中期，迄今 该树为雄树，树高22米，胸径189.1厘米（胸围6米），冠幅9.0米，主干高4.5米，干有洞，树皮龟裂。此树生长在该镇南刘宅子村正北约1公里的武河边上，与苍山县交界，距胜利镇政府驻地约7公里。

该树历经沧桑，主树干已中空，但生命力极强，虽历经多次雷电击打，仍顽强矗立在武河岸边。树姿魁伟，枝繁叶茂，叶台羽扇，绿荫浓郁，为胜利镇胜景，游人至此，无不心旷神怡，怡然自得。留下“七搂八拃一媳妇”、九股九瘤怀抱糖、水不漫树根、七颗白果等脍炙人口的故事，当地老人一句”古今天下树，最高银杏神”就是对这棵树的评价。

郯城县古树名木保护公示牌

编号	TC010	种名	银杏	学名	Ginkgo biloba L.
别名	白果树.公孙树	科属	银杏科.银杏属	树龄	1260年
树围	6.4m	树高	25.2m	枝下高	2.3米
冠幅	17.2米	保护等级	国家一级		
技术员	杜霖	联系电话		生长地点	南刘宅子村
责任人职责	日常养护（有害生物防治、修剪、施肥、除草等）防止人为破坏、及时报告生长动态				
责任单位	郯城县胜利镇人民政府				
管护单位	郯城县胜利镇南刘宅子村				
监督单位	郯城县自然资源和规划局：0539-6151089		乡镇林长制办公室：0539-6731031		

郯城县人民政府监制
2021年7月

• 古银杏树树牌

福了当地百姓。因有洛阳侯提议并捐资建桥，又可通往洛阳都，人们也是为了纪念洛阳侯，所以命名为“洛阳桥”。后至唐朝年间，唐王李世民、徐茂公路过此处时，也曾瞻慕老神树，礼拜碧霞元君、三官。至明朝万历四十六年，重修洛阳桥，现留有碑记。

千年古银杏伴着古碑历经沧海桑田，岁月悠悠，其传说不老，九股九瘤怀抱糖、水不漫树根、七颗白果等脍炙人口的故事代代流传，当地人评价其“古今天下树，最高银杏神”。现古银杏树由刘宅子村负责管护，千年古树重新焕发光彩，生机勃勃，枝繁叶茂，为该镇胜景。

• 前期古银杏树全貌

南竺院村古银杏

南竺院村古银杏树

南竺院村位于蒙阴县蒙阴街道，村内古银杏树为雌株，树龄1000余年，树高24米，胸径1.51米，冠幅15米×12.4米。生长旺盛，有八大分枝，顶梢无枯死，无垂乳，无附枝，无萌蘖，历年不结果，为宋代所植。

"南竺"两字，一直比较特别，它有些像佛教中天竺的意思。这个村名叫南竺院，隶属临沂市蒙阴县，一般的村子多叫什么村什么庄，南竺院这个名字比较

古银杏树

● 古银杏树枝干

● 古银杏树全貌

少见。

南竺院的银杏树非同寻常。“人知蒙山楔上石生茶，而不知寿圣寺前树可夸”，这是明代诗人王文翰《树歌行》中的一句，是专门吟诵南竺院银杏树的。在唐朝，这里是一处静修之地——寿圣寺。当年这里烟火兴旺，有一个僧人明深，在这里种植了几棵银杏树，到了明代的时候，已经有“何至五丈围团栾”的模样了。现在银杏树周围全是农户，房子围绕银杏树而建，红砖、黑砖、青石各色建筑都有，在这些建筑中间，参天大树傲然耸立着。大树上系着红丝带，根系部分用石头垒砌出近半米高的圆形树坛，树坛外沿是青石垒成。用树坛的泥土围住树根，保护根系，避免水土流失。传说中的第二棵古银杏树已经消失得无踪迹了。

明嘉靖年间，这棵银杏树东南 50 米处有块碑碣，曾把王文翰《树歌行》全文刻在上面。明代文学家公鼐也曾为南竺院的寺院作诗："晚霞挂重塔，微月碧殿空。林壑松桧响，十里闻秋风。"可见此寺曾是文人墨客喜欢寻访之地。这座建于唐代的圣寿寺，年久失修，又历经各种战乱，现已毁坏无存。圣寿寺没有了，但是王文翰的诗还是流传下来，"唯有树精和木怪，花神与果妖，或遇仙丹指点惊凡嚣。"他大概想不到，在一千多年之后，人们仍然站在老银杏树下，默默地遥想当年事。

南竺院背倚蒙阴山，前有汶河，另一边有银麦河，可以说依山傍水。据明朝著名文学家、诗人公鼐《重修寿圣寺记》载，南竺院原名南竺园，有南北两座寺，南寺叫南竺寺，北寺叫寿圣寺（亦称关帝庙），两寺统称南竺寺。南竺寺始建于唐，明永乐六年重修。南竺寺规模宏大，南寺占地一百余亩，寺内有传法正宗殿，殿宇朱甍翡翠，古韵幽然。北寺位于银麦河北，亦占地百余亩，其规格略同南寺，北寺遗址现存唐代银杏树一棵，古井一眼。极盛时期，一些达官贵人、文人墨客慕名前来求经拜佛，南竺寺成为佛教传播中心而闻名于世。至清末民国初，南竺寺毁于战乱。新中国成立初，县党校、公安、医院设于南竺院，1948 年迁于县城。

在这里，与千年的古树会晤，呼吸着先贤们曾经呼吸过的空气，人们总能得到些许的熏陶和启迪，仿佛能透过这历史遗留的"活化石"感受到民族、人类生生不息、传承繁衍的真谛。

麻店子古银杏

麻店子古银杏树

蒙阴县桃墟镇境内生长着一棵树龄约1300年的古银杏，其标志牌上标有：麻店子古银杏树，此树为雌株，树龄约1300年，树高28米，胸径2.26米，冠幅26.1米×20.1米。该树生长旺盛，部分顶梢枯死，有十大分枝，其中主干顶部枯死严重，根部萌生6株萌蘖，萌蘖胸径大约25厘米。树体西侧分枝处长有一株15厘米粗的构树，树体南面有约2.5米×8米大小的根部隆起区域，北面有约5米×5米根部隆起区域。该树仍结果。

古银杏树近景

春夏时节，远远望

古银杏树全貌

● 古银杏树全貌及碑记

• 古银杏树树牌

去，这株庞大的银杏树犹如天地间撑开的一把绿色的巨伞，遒劲的枝丫像是巨大的手臂，为人们捧出一地荫翳。深秋，树叶逐渐由绿变黄，巨伞变成了身着华服的贵妇人亭亭玉立。一阵风过，树叶如翩翩飞舞的蝴蝶，翩然落向大地。冬天树叶落尽，虬枝张牙舞爪地伸向苍穹，如果下过雪则是玉树琼花，如银光闪闪的巨大珊瑚树，四时之景各不同，别有一番风味。

人们对该树十分尊敬、爱护，认为她会带来吉祥好运，常常在其身上系上红绳祈福，寄托美好愿望。

该树处于较空旷地带，生长环境较好。

冠山古银杏

冠山古银杏树

冠山古银杏位于国有柳庄林场内风景秀美的冠山风景区，雌株，树高 18.8 米，胸围 5.81 米，冠幅宽至 18 米，树冠硕大、枝叶茂密，生长、管护环境良好。树干粗壮，需五六人才能合抱，复干丛生，古树参天，每年产银杏数百斤。树东侧有古道观长春观，西侧有山泉，溪流潺潺，其后新建一寺庙，庄严雄伟。

据《沂州府志》记载，长春观有古碑云："三清阁有银杏二株，北株为徐庶于公元 227 年手植"。据当地老人回忆，这里原有两株银杏树，一株在长春观内三清阁之前，一株在观前墙外 2 米处。现幸存观内一株，树龄约 1700 年，是目前临沭县树龄最长的古树。

如今，古树枝繁叶茂，根部再生幼树 5 株，形成"五代同堂""怀中抱子"的奇观，活灵活现地印证了中华文明"万事万物，生生不息"的精神内核。当今画坛泰斗张文俊先生面对此沧桑古树，深情而感慨地说："这是我们民族历史文

冠山

冠山牌坊

• 冠山景区

化的活化石”。每逢佳节，当地居民不辞辛苦，来此虔诚祈福，以求国泰民安、风调雨顺、生活富足。茂密的银杏枝条上系着一根根红丝带，表达了人们对美好生活的殷切向往。

民间盛传，冠山古银杏是一株救苦救难的神树，它能给人们消灾，救人于苦难，也能给人们添财赐福，与之相关还有一个神奇传说。相传，古时琅琊郡临沂城有一儒商，在连云港海州城里开一盐号，买卖兴隆，财源茂盛。一日傍晚，儒商乘兴荡舟于海中，把酒临风，乐不可支。夜幕四合，仍不思归。突然，大风骤起，海浪滔天，儒商翻船落水，大呼：“救命！”冥冥之中，忽见一僧人手执拂尘，逐波踏浪而来，对儒商说道：“回首向西，见人招手，即去！”话音一落，巨浪倏忽不见，那僧人也没了踪影，大海转入平静。儒商回首西望，见一老者，鹤发童颜，正向自己这边招手，他不敢怠慢，忙向老者游去。上得岸来，也不搭话，跟随老者一路走去。扑通一声跌倒在地，急忙爬起身来，定睛一看，哪里有什么老者？自己正站在一座寺院门前，门楣上方“长春寺”三个镏金大字赫然入目。院中一株银杏树，团如芾盖的树冠，遮蔽了整座寺院。其中一向东伸展的侧枝，主枝有两搂粗细，茂密的枝叶正随风摇曳，在阳光照射下，嫩绿的树叶银光闪闪。见此情景，儒商猛然醒悟，急忙走进院中，朝着银杏树，恭恭敬敬地连叩九个响头，口中连声念道：“感谢银杏神树救命之恩！”然后向僧人借来文房四宝，

• 古银杏树全貌

● 长春寺

来到院后，登上悬崖，在一光滑的碧石上挥笔写下“回首岸”三个大字。字为汉隶，力透石壁，历经千古风雨，犹似墨迹未干。近年来有人在此放炮采石，石刻胜迹已无踪影，令人叹惋。

战工会旧址古银杏

战工会旧址古银杏树

沂南县山东省战时工作推行委员会旧址（战工会旧址）位于沂南县青驼镇兴隆寺遗址（也叫青驼寺）。在战工会旧址内有一棵千年古银杏树，该树为雄株，系唐代所植，树龄 1200 余年，树高 22 米，胸径 1.72 米，冠幅 13 米 ×14 米，枝下高 2.8 米。生长旺盛，树冠近圆形，庞大优美。主干挺直、粗壮，基部根盘较

战工会现貌

大，有 14 个分枝，在主干上成层均匀分布。该树不结果，每年能提供大量的花粉。

兴隆寺是战工会的旧址，寺内原有两株同龄古银杏树。1940 年 7 月 26 日，中国共产党领导下的抗日军民代表在寺内的一棵古树下召开了山东省各界代表联合大会，选举产生山东战时工作推行委员会（山东省人民政府前身）山东省临时参议会，还选举产生了省民众总动员委员会、省各界救国总会以及工、农、青、妇救国总会、文化界救亡协会总会，并通过了山东省各界救国会组织章程和工作纲领，对推动山东省团结抗日起到了重要作用。这棵古银杏树也成了全省人民团结抗日的象征，被载入山东抗日救国史册。其间，日伪军骚扰至此，全体与会同志转移，日伪军将庙宇及其中一株银杏树烧毁，现仅存一株。当年罗荣桓、陈毅等老一辈无产阶级革命家曾在这里指挥过许多重要战役。

新中国成立后，党和政府非常重视对该银杏树的保护管理，专门配备了管理人员。如今，古银杏树虽经枪林弹雨，刀砍斧劈，仍枝繁叶茂，果实累累，同战工会纪念馆一起，世世代代为人们所敬仰。由徐向前元帅题名的“山东抗日民主政权创建纪念碑”高达 8.5 米，高高耸立在院中，与仅存的一棵古银杏树交相辉映。

这是一棵英雄的古树，它不但饱经岁月沧桑还经受了血雨腥风，枪林弹雨，见证了英勇不屈的沂蒙人民为取得民族独立所进行的不屈不挠的抗争。多少年过去了，而今依然苍翠挺拔，绿意盎然，焕发着勃勃生机与活力，每当看到它，人们心中的敬意油然而生。

• 古银杏树主干

• 古银杏树全貌

• 古银杏树树碑

• 山东省各界代表联合大会会议旧址石碑

观音寺遗址古银杏

观音寺遗址古银杏树

铜井镇位于沂南县城北部，三面环山，南有华山，西南有历山，东北有灵山，其历史悠久，因盛产黄金而得名。境内以泉多见称，《沂南县志》载："铜井泉水冠沂蒙"，金波泉、玉液泉、大河泉、响鼓泉、温泉、竹泉等 18 处清泉遍布全镇。

银杏是最长寿的树种之一，常与寺庙相伴而生，因其树体高大雄伟，最能衬托寺庙主殿的壮观，又因其叶片洁净素雅，有不受凡尘干扰的宗教意境，道家也视银杏为祥瑞之树，在道观中也常有种植。

铜井镇树仁里观音寺遗址有一株古银杏树，据测算树龄 1000 余年，栽植于原观音寺大雄宝殿前。观音寺早已被夷为平地，后建立一小学，至今已废弃，目前整个院区比较杂乱，管理较粗放，但该树仍枝繁叶茂，生机勃勃，显示着旺盛的生命力。古树高 20 余米，胸围 3 米多，枝下高 3 米，冠幅 20.7 米 ×18.4 米，古树根部有一腐烂空洞，并结有黑色的菌蘑，可以看出古树的苍老。蓊郁的树冠，覆盖了近百平方米的土地，仰起头看，银杏树枝叶繁密，时令已近立

古银杏树根部

古银杏树枝叶

秋时节，满树枝叶密密匝匝，层层叠叠，青青翠翠，遮天蔽日。透过叶隙，感受点点斑驳的光影，形如樱桃、呈银白色的银杏果，星星点点，缀满枝头叶间，映射着背后大山的伟岸。

古来风水，讲究前有照、后有靠，左青龙、右白虎，而观音寺在此表现得淋漓尽致。观音寺背倚青山，面对三山沟小流域，绵长几十里。左侧蓄水而成的凤凰湖，龙藏深渊，一飞冲天；右侧不远即是东汉时期就已存在的凤凰石刻，“凤凰鸣矣，于彼高冈”，再往里走，便是连绵起伏的群山，三山环抱，虎啸山林，也应承了极佳风水的格局。

伫立于观音寺遗址前的银杏树久经风雨、饱经沧桑，让人感到了敬畏和慑服。枝头上，偶尔可见随风飘扬的红布条，是表达人们祭祀古树、虔诚求福的心愿，是对国泰民安、风调雨顺、家和事兴的祈盼。这棵汇聚了天地灵气、日月精华而又生机盎然的银杏树，正俯卧在三山的环抱里，像一个阅尽世事、宠辱皆忘的智者，默默无言，不悲不喜，一派淡定与从容。在它面前，见惯了善男信女的叩拜和世事的沧桑，当年一出出的精彩故事，都曾在它的面前上演。而今，它继续俯瞰着渐行远去的时光，感受着缤纷五彩的生活，偶尔接受着善男信女的膜拜。

古银杏树全貌

灵泉寺古银杏

灵泉寺古银杏树鸟瞰图

灵泉寺古银杏树位于沂水县龙家圈乡沂河林场上岩寺院内，紧邻全省第三大水库——被称为沂蒙母亲湖的跋山水库。该银杏树为雌株，树龄1380余年，树高37.8米，胸径2.60米，平均冠幅23米，枝下高3米。生长旺盛，树冠卵圆形，树形优美；主干挺直、粗壮，树皮粗糙，开裂，南侧有一个小树洞；在3米处分为两大主枝，较粗壮，侧枝10余个，生长良好。该树枝叶正常，结果量一般。

古银杏树全貌

● 古银杏树干枝

古银杏树树冠

古银杏树主干

灵泉寺

灵泉寺俗称上源寺、上岩寺。传说唐贞观九年（635 年），一个法号昌弘的高僧为弘扬佛法来到此地，见此处苍松翠柏郁郁葱葱，山泉奔涌碧流成溪，遂决定在此建寺塑佛广传佛道，后此处成为当地的朝佛圣地。现寺院周围尚有五株古银杏树，相传为昌弘所植，其中一株被称为“世界亚雄”的古树，气度非凡，枝繁叶茂，每年秋后果实累累。周围的灵泉与古树相伴，树依灵泉，灵泉绕树，泉水经年不枯，常饮此泉水，据说可延年益寿。泉又连一贮水池，池水澄澈如镜，古树倒映其中。景区群山环绕，自然环境原始生态。灵泉山悬崖峭壁，数百年苍松叠翠，溪流潺潺，鹰翔鸟鸣，高山间2600米的长崖壁栈道气势宏伟，行走在深山崖壁故道，观赏悬崖险峰，林海松涛，远眺沂蒙湖光山色，令人有超凡脱俗之感。

• 灵泉阁

景区内古树、遗迹众多。灵泉古寺、千年古银杏树、佛教塔林、宋代九龙碑、灵泉湖、雄师崖、观音洞、韩湘洞、朝阳洞、五大夫松、飞来石、灵山隐士等景观将千年历史积淀于大自然的怀抱，并配以许多美丽动人的传说。依山而建的寺院，气势恢宏，寺院内五株唐植古银杏树郁郁苍苍、茂密参天，苍翠古树与红瓦青黛的古刹相映生辉。罗汉殿内五百罗汉栩栩如生，尽显世间五彩人生。灵泉、观凌晨殿、南海轩更添寺院之灵气。

此处古树、古刹相伴相生，成为当地一景。

圣水坊古银杏

圣水坊古银杏树

沂水县圣水坊有三大特点：山奇，树奇，水奇。圣水坊千年古银杏树作为圣水坊三奇之一已久负盛名。

山奇是：圣水坊被西游记传说中的九顶莲花山环绕其中，群山秀丽，郁郁葱葱，古木参天；山顶处岩石摇摇欲坠，清源河缓缓流于山下，景色宜人，风景独特。树奇是：圣水坊有名扬八方的古银杏树，胸径 2.25 米，高 33 米，雄株，遮阴半亩多地，树龄已达 1300 余年。在此树北、东、南三面 15 米处，均匀排列着八棵合抱粗的雌银杏树。被当地人称为“九仙落圣水”。最负盛名的是圣水坊的“水”。在银杏树下，有座用石雕成的观音祠，内有观音菩萨塑像，观音祠外壁刻文曰：济南府莱芜县薛野保芦地王鹰 ，因棍徒事曹刑，圣水脱险，捐修，落款：天启二年孟冬秋月（即 1622 年）。观音祠有久负盛名的圣水龙宫，宫内泉水潺潺

圣水坊景区

古银杏树主干

● 古银杏树全貌

流入龙池，池内碧水盈盈，泉水清澈甘甜，传说此泉与东海相连，龙王爷到沂蒙山观赏七十二崮胜景，常在此小驻。除此以外，圣水龙宫内外有石碑三块，上面刻有重修圣水龙宫的字样，落款时间为：“大清康熙拾年孟秋和二十七年孟冬”。圣水龙宫上端平地上有些残存的墙基，传说以前曾建有龙王庙一座，里面供龙王爷塑像和一些虾兵蟹将的雕塑。

据说龙王庙院内曾有大小石碑百余块，由于历史原因现仅存明天启、清康熙年间 4 通牌，字迹已模糊不清。 这里原有《文昌阁大殿》现已无存。仅有《三元洞府》，其建筑结构以石筑成，窗乃一巨石凿就，屋顶由 39 块石灰岩板组成，巧夺天工，浑然一体。

圣水坊早在明代就已成为旅游胜地，文人墨客题咏颇多。如明朝诗人杨光溥游罢圣水坊后赋诗《游圣水坊》曰：“路入仙境万虑轻，无边佳景足怡情。峰头树带烟霞色，洞口泉流日夜声。隔浦泥融闻燕语，傍林松潼觉风生，因来疑问前村酒，元晏先生倒履迎。”《重游圣水坊》曰：“仙境无人久寂寥，从来山色解相招。烟霞笼树春还在，苍草熏人酒易消。洞口寒泉飞作雨，水边仆柳卧成桥。担头正苦诗囊重，却被东风也上挑。” 今人党宝修有《沂水新八景之圣水清荫》曰：“钟灵毓秀圣封祠，盖邑斯文曾在兹。元晏名垂光溥纪，王鹰刑解观音旗。三清洞府石梁殿，一碧林泉水浪池。匝地爽凉消暑气，游人接踵事成诗。”等，足见此处风景之秀丽。

奇山、奇树、奇水构成了这里奇特的风光。

● 丛柏庵古银杏树

丛柏庵古银杏

丛柏庵千年古银杏生长于费县许家崖丛柏庵内，栽植于隋朝，距今 1400 余年，树高约 49 米，直径约 3.5 米。树虽年久，但仍枝繁叶茂，婆娑多姿，挺拔参天，已被列为国家古树名木保护名录。

丛柏庵坐落于玉环山中，是临沂市唯一一处尼姑庵。据记载其建于隋朝，重建于明朝嘉靖三十九年（1560 年），以侧柏密集而得名。庵门上的题字出自全国四大名僧之一、山东佛教协会会长沙门能阐手笔。庵内有千年银杏、响水泉、连理柏与古藤、碑廊、三圣殿、仙人洞等景点，具有较高的观赏价值、历史价值和艺术价值。丛柏庵山水明秀，洞壑清幽，银杏垂荫，苍松挂壁，古柏参天，青山古刹，若隐若现，宛若仙境，可谓人间净土。

● 古银杏树树冠

丛柏庵东侧的山洞，称作“仙人洞”，是玉环山最大最深的溶洞，有上、下两个洞口，下洞口一侧书有“仙人洞”三个字。明朝武英殿大学士张四知（人称张阁老）曾在洞中避暑，并留下一首诗：

四面青山一线天，
古洞深藏峭壁间。

● 古银杏树全貌

● 丛柏庵景区

远隔咸阳三千里，

避秦何必进桃源？

深秋时节，丛柏庵成了金黄色的世界，全然泛黄的银杏叶从树枝徐徐飘落，将地面铺上了一层金色的叶子。“碧云天，黄叶地，秋色连波，波上寒烟翠”，远离繁华都市的拥挤和嘈杂，沉浸在这连天蔽日的纯净里，久违的清新洗涤，看落叶旋舞，一抹绚烂的黄晕染进了近处的翠绿、远空的碧蓝……

● 丛柏庵

● 仙人洞

● 苑上村古银杏树

费县朱田镇苑上村是个古风绵长、怀珠揽玉的传统村落，村里的五处古泉，如闪亮的明珠镶嵌在大地上。其中一处泉水——龙泉附近有一株千年古银杏树，驰名乡里。古树雌株，树龄1000余年，树高22米，胸径1.57米，冠幅21.4米×19.3米，有八大主枝，树形优美。银杏树无复干，无萌蘖，生长健壮，虽经历千

● 古银杏树树形

古银杏树全貌

● 古银杏树主干

年风雨，仍枝叶茂盛，巍然而立，其巨大、茂密的伞盖下是村民们天然的会客厅，村里的男女老少都爱聚在这里闲聊、歇息。

苑上村是个名副其实的小山村，这里曾是明代大理寺卿王雅量及其后人的乡间别墅“芳林苑”的处所，便得了“苑上”这个颇具文化韵味的村名。苑上村终年流水潺潺，自古就被先民择为繁衍生息的风水宝地。据史料记载，苑上村有古泉5处，东北有股泉水，穿壁绕石，声如琴韵，名曰“琴泉”。琴泉北去，穿涧越溪80余米，有怪石群拥形似龙头，石间一泉，水涌如注，便是“龙泉”。距龙泉不远处又有一清泉，气泡顺水柱而上，晶莹可爱，如串串珍珠滚动，故称“珍珠泉”。珍珠泉北侧小路相连不远处有一泉，水明如镜，映照蓝天，青山倒影清晰如画，为“天镜泉”。村内还有一泉，数处泉口喷出朵朵银苞碧花，令人叫奇，取名“百花泉”。千百年来，泉水源源不断地流淌，滋养庇护着生灵万物。当地村民感激而敬仰，视古泉为神灵，一些美好的传说也因此流传，其中影响力最大的便是天镜泉。据当地人讲，该泉能辨善恶，做了亏心事的人在此一照立现原形，如同神话中的西天宝镜一样灵验。

古银杏树树碑

泉水

因苑上村泉水甘洌淳甜，富含对身体有益的矿物质和微量元素，长期饮用能强身壮体，故村中老人多长寿。2019年，这个300多人口的小山村，90岁以上的老人有7位，百岁老人有3位。

苑上村因泉而灵，因树而秀，因石而名。一代清官王雅量留在芳林苑的3块奇石，至今仍和古泉一起，被村民视为吉祥双宝。“芳林苑”已荡然无存，但那寓意深刻的奇石却依旧保存完好，连同枝繁叶茂的古树默默见证着历史的变迁，传承着永恒的力量。

城阳村古银杏

城阳村古银杏树

费县薛庄镇城阳村千年银杏树位于城阳村十字路口中央，雌株，树龄约1300年，树高25.6米，胸径2.39米，冠幅25米×26米，七大主枝，枝下高2.5米。树干凹凸不平，好似几株树拧在一起，树干上有瘤状凸起4处。该树周围有护栏围护，因处于道路中央显得特别挺拔壮观。

古银杏树树干及树碑

古树位于城阳村中心大街北首，和其他的银杏树一样，它所在的地方原来也是一座寺院，一说叫“北大寺”，还有一说叫“观音殿”，不知是一个寺院两个名字还是北大寺内有观音殿，具体不详。西南有一座和尚塔，树东悬挂大钟，现今只剩下这棵银杏树挺立在蒙山之阳，郁郁葱葱，生机勃勃。村民们都把这棵树当作镇村之宝，逢年过节老百姓到树下祭拜，祈求人财两旺，平安如意。

费县薛庄镇城阳村，按字解意应该在一座城的南侧。但这座城是

● 古银杏树鸟瞰图

什么城？问过许多老人，没有一个人能说清。传说刚有火车那阵，有一个生意人，在回家的火车上，遇到了一个白胡子老头。老头自称姓白，说脚上的鞋子烂了，问生意人能不能给买双鞋子穿。

生意人心里想："我和你素不相识，咋见面就让给买鞋子呢？"但生意人是个乐善好施的好人，看到老人这么大年纪了，也想做件好事，就一口答应了下来。只是说："现在在火车上，去哪里买鞋子呢？"

白胡子老头说："不要你现在买，等你下了火车再买。"

生意人说："买了鞋子怎么送给你呢？"

白胡子老人说："我就在城阳村住。"白胡子老头说完就消失在人流中。

生意人下了火车，买了一双鞋，一路打听来到了城阳村。可问遍了所有的人，都说城阳村没有姓白的。

生意人来到村后，除了庄稼地，只有一棵千年银杏树矗立在村头。由于雨水冲刷，银杏树的根全部露在外边，盘龙错节。生意人找不到姓白的老头，就把鞋放在银杏树根部。他感觉有些不妥，就雇人推来泥土，连同鞋子和树根，埋在了泥土里。

生意人回到家，已经天黑了。一身疲惫，简单吃了饭就睡着了。在梦中，白胡子老头出现了，微笑着说："谢谢你啊，我终于有鞋穿了。"

生意人醒来后，这才想到，那个白胡子老头不是别人，就是那棵千年银杏树啊。它的根裸露在地上，不就是没穿鞋子吗？

从此以后，生意人一遇到洪水过后，总要去看看银杏树，把被洪水冲出地面的根须用土埋上。也奇怪了，从此以后，生意人无论做什么生意都挣钱，很快成了富甲一方的土豪。不过，生意人并没有忘记那棵银杏树，一直照顾着它。

这件事被当地群众知道后，都知道银杏树不是一般的树了，全都自发地行动起来，加入保护它的行列。

直到现在，那棵千年银杏树依然屹立在村头，枝繁叶茂、生机蓬勃，不但成了城阳村的标志，也是城阳村人的自豪和骄傲。

有了这棵树的护佑，城阳村一直风调雨顺、和谐平安。

古银杏树全貌

13 >>>

德　州

① 银杏树村古银杏

● 银杏树村古银杏树

银杏树村位于齐河县赵官镇西南部的黄河北岸，历史悠久、文化底蕴深厚。在这座古镇里，有一棵树姿魁伟、枝繁叶茂的千年古银杏树，为齐河县胜景。游人至此，无不心旷神怡，感怀惊叹。

该树为雌株，5 株丛生，树高 22 米，干高 5 米，最大一株直径为 89.2 厘米，胸围 2.8 米。另四株直径分别为 86 厘米、51 厘米、46.2 厘米、46 厘米，枝叶茂密，挺拔粗犷。该树冠幅 25 米 ×24 米，树冠覆盖面积达 600 多平方米，叶台羽扇，绿荫浓郁，远远望去犹如一座绿色的小岛。

古银杏树距今有 1000 余年历史。相传，早年在银杏树旁立有一明朝石碑，碑上刻有“白果赞”:“古树白果，挺拔傲然，叶似鸭掌……”，说明当年银杏树母树已很高大，树龄已很老。1968 年，石碑被人拉走用于黄河防汛，不知现居

● 古银杏树冠形

● 银杏树社区

● 古银杏树及石碑

何处。1489 年，黄河首浸大清河堤，原母树淹死，现树是从原树干腐掉后根部萌蘖长成如今 5 株簇生的样子。当时原母树树龄 500 年以上，现树也 500 年以上，“母子接力”，此银杏树应在千年以上。

另据《齐河县志》李氏族谱记载：“卜莹前种此树未可知也，卜莹后种此树亦未可知也。”李氏之始祖为明洪武年间（1368—1399 年）迁至此村，说明当年银杏树已存在并已是大树了，而且繁殖了小的银杏树苗。原本村子叫“亚水村”，因此银杏树远近闻名，后村子定名为银杏树村。

关于此古树还有一美丽的传说。唐朝后期，社会动荡不安，附近村庄经常发生疫病，每年都有年轻人莫名其妙地死亡。有一年黄河突发大水，一天晚上，人们听到黄河里有人在说话，忙偷偷观看，发现一白衣仙女与一黑大汉正站在滚滚的黄河水中说话，浊浪翻滚竟然溅不到他们身上一点水星，他们边说边走，如履平地。黑大汉问道“你姓什么？”,“我姓银”仙女答道，问道“你呢？”,“我姓铜，你到哪里去？”，“我就到此处”，“你呢？”，“我是跟随你而来的啊！”。它们在水中互相依偎，在水中漂浮了几十天，大汉问仙女：“你到哪里安家？”仙女回答：

● 银杏树村鸟瞰图

"我住到银杏"。原来，白衣仙女是王母娘娘的贴身丫鬟，黑大汉是玉皇大帝的使者，在天宫，黑大汉暗恋白衣仙女很久，这次仙女受王母之命来拯救百姓，黑大汉听说后，便不顾天条偷偷跟踪下界，在夜晚向仙女倾诉了衷肠。仙女很感动，也动了凡心，说道"我们一起拯救百姓吧，等这里的百姓过上安定的日子，我们也在此安居乐业，过平凡人的生活"。黑大汉很高兴和仙女住在齐河县"亚水村"一道拯救百姓，他们施展神力，赶妖驱魔，使百姓过上了幸福安康的生活。他们二人成家后男耕女织，生活幸福美满，再也不想念天庭，也不以天条为念。可不久，这个事情被王母娘娘发现，王母娘娘派天神来惩罚他们。仙女被变成一棵参天大银杏树，就是今天的银杏树；黑大汉则顺巴公河、赵王河被发配到东阿，变成一只铜鼓（铜鼓现仍存在），因此东阿县又称铜城。人们在一阵电闪雷鸣后，便发现在村的东南方多了此树，从此该村群众平安康泰，该村也由"亚水村"改名为"银杏树村"。人们在树下许愿很灵验，谁有病有灾，拿银杏叶泡水喝，有病防病，无病健身。以后，无论发多大的水，到银杏树前都绕道而行，从未淹过该村。人们为纪念仙女在银杏树的北侧修建了庙宇，供大家祭拜。可惜庙宇早在"文化大革命"中被毁，只剩下银杏树依旧护佑着这方百姓。

据老人们讲，古银杏树遇盛世枝繁叶茂，逢乱世枝枯叶落。如今在人们的精心管护下，这棵古银杏树又焕发了勃勃生机，历经沧桑，枝繁叶茂，成为齐河县的一处风景名胜，引来众多游客在此驻足观赏、合影留念。

后记

银杏素有植物界的“活化石”之称，其叶、果、材均用途广泛，全身都是宝，具有极高的经济效益、生态效益和社会效益，是大自然遗留给人类的深厚馈赠。

银杏古树是森林资源的重要组成部分，历经悠悠岁月，陪伴着人类生息繁衍，是银杏中的“祖辈”，不但在植物学上意义重大，而且承载着厚重的人文价值。它们历经沧桑，生命力顽强，与之相关的故事、传说亦流传广泛而深远。部分古树甚至被神化，被人们尊称为“老神树”，节假日或特殊日子给它们挂上红丝带、幸运牌，对其虔诚祭拜，许予良好的愿望、祈福美好的未来。银杏古树生长的地方大都已成为当地的风景区。

古银杏作为珍贵植物物种，是古树中的“大熊猫”，备受关爱。因为工作关系，笔者有幸接触到山东的古银杏。作为银杏的主产区，山东的古银杏分布广泛，它们有的在闹市，有的在深山古刹，有的在优美的风景区，还有的在荒郊野岭。无论在哪儿，它们都坦然屹立于天地之间，其风流姿态，傲然筋骨散发着古君子之风，坚强豁达隐逸一隅，其精神滋润着我们的心灵，鼓舞着我们的斗志。日久生情，这些古树慢慢走进笔者的生命中，让我们感叹，让我们震撼，让我们产生了把山东的千年古银杏写出来的想法。把每一棵古银杏的生长特点、生存环境、美好传说、故事一一写出来，展示给社会，使它原有的文化价值、自然历史价值充分彰显，让老百姓了解它、敬仰它、宣传它，进一步增强保护古树的意识，为推进生态文明建设贡献微薄之力，这就是我最初的写作动机。

准备的过程却是相当艰辛的，自 2018 年开始收集资料至 2023 年出版，前后历经 5 年。众所周知，银杏古树大多分布在边远山区、寺庙、丛林及荒野，野外银杏调查、拍照的过程中，遇到相当多的麻烦和困难。有些因为行政区划的变更，弄不准古树的确切位置，为落实一棵古树常常寻朋问友，或咨询相关部门，或实地调查详细打听，东奔西跑常常一无所获，真是踏破铁鞋无觅处。有些在询问当地主管部门或民众后侥幸找到材料中所指古树，但有不少地方古树已荡然无存，心中不免失落至极，戚戚然许久；抑或真的找到，“山重水复疑无路，柳暗花明又一村”时，真的感觉是找到了久别的亲人一般，几乎喜极而泣。在居民区的古树因为有民居遮挡，要拍摄古树的全貌有时需要爬到居民家屋顶上去。还有的古树位于陡峭山崖，为拍摄照片要翻山越岭，爬好几座山峰，下来时腿都是肿的……凡此种种，不一而足。但只要能找到古树，心里感觉是幸福的。等到照片、素材具备，编写时局于写作水平有限，脑海中常常翻腾着那棵树的样子，树的故事，落于笔端时却往往词不达意，切实品尝到了古人“推敲”的意味。有段时间真的是与古树恋上了，早晨、夜晚、凡有空闲的时刻脑子里想的都是古树，闭上眼 100 多棵古树的样子、形态都浮现在脑海中。几经周折，与编写组人员共同努力终于成文。

关于古银杏的树龄需要做以下说明。山东省林业主管部门两次对古树名木进行调查统计，古银杏是重要的被调查古树之一。千年以上的银杏树龄并不是一个确切的数字，其原因是多方面的，主要是对古树树龄测算方法不一致导致。目前，国际上通用的古树测定方法有四种：一是在树干上打眼，根据年轮测定树龄；二是 CT 扫描法；三是考古学上普遍采用的碳 14 测定法；四是通过访谈、传说、查阅文献和实地勘测等进行古树树龄的确定。一般情况下，不是特殊需要，大多采用第四种方法。在编写过程中，虽已力求全面，但有个别银杏树，可能未到千年，因与其他千年银杏古树一起生长生成当地文化而被编入其中，因树龄界定的差异，导致收录并非十分全面。调查工作中发现，不少古树周边的立碑、挂牌、树龄解释也不完全准确。编者认为本书的目的不是为准确测定每一棵古树的树龄，而是宣传银杏古树的历史价值和文化精神，引导大众宣传和保护古银杏，尊重历史，留住乡愁，感恩自然。

关于书中照片，有几种情况。一是因不同的摄影工具拍摄呈现景象有所差异；二是不同时期的照片，清晰度不同；三是来源渠道不同，不同人员拍摄，风格有差别；四是书中照片内容，有的反映古树全貌，有的反映古树局部，还有的反映古树周围生长环境。综合以上种种，同一古树照片看起来会有所差异。

在编写此书的过程中得到了省、市、县各级林业管理部门大力支持，特别是山东银杏开发协会和山东农业大学的鼎力相助，在此表示衷心感谢；同时对所有编写人员的辛勤付出、团结协作深表谢意。

魏红军

2023 年 5 月 8 日